寵物終老前
還能為心愛的牠
做什麼

末期寵物的心情安寧照護指南

Hospice Features Feelings
and a Good Death

a guide to care for pets and their loved ones
when end of life nears

心情安寧、照顧者的自我照顧、離世溝通，
獸醫師＋動物溝通師的跨領域支持最前線

作者　張婉柔

繪者　鄭嘉文

末期寵物的
心情安寧照護

　　小的時候，我經歷過很多次寵物的死亡。水裡的魚、天上飛的鴿子和牠的親戚雞，地上爬的鼠類和兔子，都曾是我手中的亡魂。年幼的我，不懂得生命有始就會有終，單純認為只要是被我養過的寵物，就一定會死。

　　回頭想想當初這一連串的「死亡事件」，我既沒有從中學到生命的本質，也不知如何面對分離；沒有機會培養調節失落情緒的能力，也不知哀悼、轉化悲傷為何物。我只是在屢次形同失敗的死亡中，背負越來越沈重的內疚，和無與倫比的自責。

　　曾經我以為，那個重挫我的敵人是「死亡」，是因為死亡，讓我經歷這些無以名狀的悲傷，是因為死亡，剝奪了我本該幸福快樂的權利。我將死亡視為不共戴天的仇敵，之所以成為臨床獸醫師，正是本於這個初衷。我還記得，國一那年，人生中第一隻盼了許久才迎來的小狗Honey過世時，我下定決心要成為獸醫師，我想「終結死亡，也終結死亡帶來的悲傷與痛苦」。

　　06年我從台大獸醫系畢業，同年考上執照進入臨床職業，一待就是七年。表面看起來，我似乎離我的目標越來越近，殊不知，起點的設定若是錯誤，無論過程再如何努力，終究無法抵達心中的理想終點。即便成為人人眼中能夠救命的醫師，我依舊不敵生命的本質，屢屢在死亡面前敗下陣來，反覆經歷著「失敗」，被迫體驗著死亡帶來的剝奪感。我的病患、我的熱情，甚至

對自己曾有的期待，都隨著反覆的死亡事件漸漸消逝。

我曾以為動物溝通，就是心痛的救贖

當我初次接觸到動物溝通，我一度以為這會是悲傷的解藥；我天真的以為，只要聽得到寵物本人的心聲，就能化解這世間心痛的結。客觀來講，或許真有些許作用，讓照顧者的疑慮獲得解答，讓誤解有機會澄清，讓未竟的心願得以完成，心意情感得以表達，那麼，自然能平撫一些遺憾。只是，若是期待動物溝通能像止痛藥一般，平息因死亡而生的痛楚，就會像去赤道尋找北極熊，不僅是個天大的誤解，更會遍尋不著。

在我還是個青澀的動物溝通師時，面對臨終的個案，仍常常處在無能為力的惆悵裡。臨終溝通時，飼主對寵物的難分難捨，以及對生命尾聲的抗拒，始終是我覺得最困難協助的點；離世溝通時，飼主多是呼喚毛孩趕快回來，殷切期盼通過溝通，重新取得「斷掉的連結」。只是，頻繁重複這樣內容的溝通，似乎也不會平撫當事人的悲傷，反而更像是刀尖上的蜜，越是對溝通緊抓不放的人，內傷就越深，反而不見所謂的「療癒」。人間的失落與悲傷，在我的工作中仍舊頻繁上演。

這不禁讓我陷入思考，身為人類的我們，在對抗的究竟是什麼？是死亡本身，還是失落帶來的感覺？為何我從一個救命的醫師，轉換跑道成為不經手生死的動物溝通師之後，依然面對相同的人間處境？

作為一個飼主、醫師、動物溝通師，來到我眼前的苦痛，是否為一個普世性的課題？

在安寧的心靈關懷中，看到曙光

為了尋找出路，我這次將觸角延伸至人的安寧領域，再次走回生死現場，在安寧病房陪伴生命末期的人。可以想見，於我又是一次衝擊，但這次我是準備好的。

我來到安寧靈性照護的領航單位──大悲學苑，接受安寧靈性關懷人員的培訓，透過長年深耕安寧領域的臨床宗教師德嘉法師、宗惇法師，及醫師、護理師、心理師、社工師團隊的教導，領略末期病人的生理變化、心理靈性需求，學習接地氣的照顧方針，更在上線服務後，親眼見證身心靈的整體性照顧，在臨終時對當事人及家屬所展現的力道。

強調臨終關懷的安寧，打開了我這獸醫人的眼界，原來安寧並不只是疼痛控制（當然更不是放棄治療，也不是貼嗎啡後回家等死），而是將身體、心理情緒、社會、靈性視為一整體，以全人照顧的方式（也就是同時也照顧身體以外的其他面向），幫助病人及家屬在生命最後一哩路，身體安舒、心理安定、靈性堅定，了無恐懼的懷抱珍惜與感恩，走完人生。如此這般的接納與勇氣，便杜絕了創傷的可能性，在離別時只留下愛的體驗和回憶。

要做到這樣，過程中需要不少專業，當然也少不了情緒支持。以溫暖的陪伴，在世時展開心情調適，了悟今生相會的意義、看見自己此生的價值，加上家屬支持系統，及家屬日後的哀傷撫慰，都是構成生死兩相安的要件。我這才明白所謂「善終」，並不是過世那刻沒有掙扎就好，而是以一個循序漸進的脈絡，所建構出來的成果。

套用回寵物界，我以為「善終」不是死時那一刻才發生，它是一個從生前

就開始的轉化過程，從抗拒到接受，從身體走進心靈，從依賴到承擔，從一起生活轉向懷抱祝福，而貫穿全程進而能延續下去的，就是愛。

當動物溝通遇上安寧，我為它取名為「心情安寧照護」

我們都愛寵物，但當生命來到最後一哩路，很多人愛得並不得法。尤其是當我聽過上百隻臨終寵物的心聲，我深深知道，動物真正渴望的，跟照顧者以為牠想要的，兩造有著極大的差距。

一個人越靠近自己生命的終點，盤繞他腦袋的不會是珍饈美饌、或再賺一桶金（哪怕這都是他生前最愛的事物），想對自己親愛的人說說話、表達情感，這方面的渴望此時反而相對強烈。畢竟，世間上真正讓人感動的不是那些物質，而是隱藏在其後的那份心意。關於這點，寵物是一模一樣的。

我們生在這個時代，因為動物溝通的關係，在寵物生前就了解到當事人的想法：牠們看待生死的觀點，對活著時的態度、對死亡的認知，以及想對我們說的內心話，是很幸福的。

動物在接近生命末期時，自然會發生心靈的變化。人若不理解，只按照過去的經驗去想像牠內心的需求，或只是投射自己的期待，那麼我們「為牠」所做的種種，其實只是在滿足人「自己」。有句話說：世界上最遠的距離，是我站在你面前，你卻不懂我的心。坦白說，我在諮詢的時候常常都會接收到這種苦澀。

因而當我試著融合安寧的元素進到動物溝通諮詢中，我花了相當多心神在飼主身上，而我認為這是必要的，因為寵物生前的舒心指數（其實也包括身

後），掌握在照顧者手中。根據我 15 年來的經驗，我深知需要心情安寧這個轉化過程的不是寵物，而是陪伴、照顧、手握主導權的人類。

明白牠想要什麼，還要加上自我照顧，付出才能有效轉換成幸福與安定的入場券

天下父母心，每一個照顧者無不希望自己的寵物寶貝在生前能快樂，在臨終時不要受苦。照顧者有心，卻沒有依循的方法，就如同不曾受過訓練的少年兵，直接被推上戰場，只憑一股熱血和本能，在瞬息萬變的戰場上，毫無方向的衝刺，只能任由焦慮將自己吞噬，不知所措和無力感，是最讓人感覺痛苦的地方。

照顧者無助時，最常尋求幫助的對象是醫師、人際圈。只是，在門診中，即便見到專科中最權威的名醫，拿了很多藥、做遍各種治療，甚至聽到明確的存活時間，卻無助於面對。隨著病情的變化、各種無法預測，只是越發恐慌。最後的日子裡，變成只聚焦在何時是安樂死的日期。只是這日期訂得早也不是、晚也不是，怎麼決定都難解內心的不安和傷痛。

人際圈是一個情感支持相對豐沛、但也很容易誤觸雷的所在。照顧者很沮喪時，身邊的親朋好友不見得是主要的支持系統，因為很常聽到如：寵物已經很長壽、生命總會結束的、你要放下、你這麼執著牠哪能走得了……諸如此類出於好意的安慰，卻常反將照顧者推向孤立的邊緣。

陪伴末期寵物，明白牠想要什麼是第一步，但真正保證安寧與否的，卻是照顧者的體驗。因為道理人人都懂，但若感覺跟不上、或無法與翻攪的感受共處，這些理性的認知也只能流於無用的空談。我常見照顧者知道要讓寵物

舒服，但所做的決策、手上的動作，皆是增加痛苦和對立；知道自己應該尊重寵物的意願，但更強烈受自己的恐懼驅使，只得要寵物配合自己的期待；很努力的做了很多，卻又不確定是否真為寵物想要，但又不敢不做，只因不做會遭受愧疚與罪惡感的指控，橫豎都困在不安和焦慮中；當無力感潰堤時，只能跟牠說「你若很不舒服，你可以離開沒關係」；最終最讓人痛苦難耐的，往往是在寵物過世後，才悔恨生前未曾好好道別。

在我諮詢過的離世溝通個案中，九成五以上的照顧者似乎都在不自覺中進行著相同的套路：集全部精力只為讓不可挽回的生理指數變得好看，承受體力、時間、經濟的龐大壓力，滿滿的情緒不得出口，在情緒潰堤責罵寵物後又陷入更深的自責；同一股情緒風暴在寵物過世後更加肆虐，懊悔著生前沒有好好陪伴，闖進腦袋的盡是對自己失職的指控，縈繞不去的自責使回憶變了調，無法重溫愛的體驗，只有滿滿的虧欠。我甚至看過有人用強大的理智說服自己至少寵物已經解脫了，但卻一輩子不敢再養寵物，對寵物再也絕口不提。照顧者就這樣一步步走進死胡同裡，可以想像離世寵物有多掛心。

醫療很重要，生理照護很重要，大部分的人在醫療上都盡了一切努力，但為何結束之後，留下的只剩創傷與哀慟？如果我們這麼盡心盡力，回頭一想只覺得是一場惡夢，那是否過程中遺漏了什麼？

無論處於獸醫或溝通師的階段，我都心疼照顧者總是憑著一片真心努力的給，卻只換來更深的創傷。然而這個普遍的困境，在心情安寧照護裡都有解。

增添陪伴的溫暖，賦予最後一段日子意義，引領善終的道途

出於離世溝通的經驗，我得以窺探靈魂歷程是怎麼一回事。當寵物嚥下最後一口氣，僅僅只是生理身體的結束，牠的意識還繼續進行著。就像是你脫掉一件外套從廚房走進客廳一樣，你的思緒、情感、念頭都在持續進行著，你還是你，沒有因為這些外部變化就換了顆腦袋。既然心性是繼續延展的，那麼在臨終時若心感覺圓滿，寵物便是帶著圓滿的心境上路，即使心裡會因分離而有不捨，但將無損於牠對這輩子的滿足，被愛的感覺也仍舊會一路相隨。

正因如此，寵物生命末期的心情安寧照護就顯得非常重要。我們要做的是準備，但準備並非只是事務性的安排，也不只是漫無目的的陪伴，被動等待死亡到來，更不是臨終時才來聽遺言。我們所做的一切，是為預備好寵物內心的祥和——對我們、此生、往後的道途，都懷抱正向的感受。以至於當牠踏上靈魂的下一段旅程時，不僅能心無罣礙，還是帶著來自照顧者滿滿的愛與祝福，了無遺憾的前行。

心情安寧 9 大要點，全方位溫暖你和寵物的心

我在 Part 1 中以九個動物溝通的真實案例，帶出心情安寧的 9 個特色，包括：

◎ **了解寵物的生命觀，傾聽牠真正在意的是什麼**：我們都希望自己的付出符合寵物的想要，那麼知道牠的想法，便能為我們的行動帶來具體的方向。方向確定，確信自己的陪伴方式帶來的是幸福，照顧者懸著的那顆心自然能塵埃落定。

◎**超前部署**：充裕的時間雖不一定保證照顧者的心境能獲得完全的調適，但若預留給自己的時間過於倉促，絕對是不可能的任務（例如在斷氣前一刻或前一天才來「安寧」）。心情安寧不是聽遺言、也不是問牠明天願不願意安樂死，而是在知道牠心意之後，還能按牠喜歡的方式陪牠走完一生。

◎**重視身體舒適度，更照顧心靈面向**：心無罣礙是很多照顧者對寵物往生時的期盼，這個「心」字說明心靈是決定善終與否的關鍵。死亡只是軀體呼吸的停止，但心識則會繼續下去，伴隨寵物前往靈魂的下一階段。因此末期生活除了關注終究會朽壞的肉身，以有意義的心理互動取代被動等待死亡來臨，將使寵物臨終時懷抱平安，也真能對你感到放心。

◎**照護方法明確**：心情安寧照護並非抽象的概念，而是一套具體可行的作法，協助照顧者從實做中轉換體驗，提供從環境安排、互動優化到內心對話，循序漸進由外走進寵物的內心世界。針對安樂死或自然死，也提供通盤性的評估方針。

◎**準備項目具體**：安樂死或自然死，可說是照顧者最困擾的議題之一，所謂善終準備，也不只在於後事安排。本書在第八節中，詳細分析事前就該考量的各面向和資源。清晰帶來力量，充分的事前準備，是使人從容的基石。

◎**輔助法的介紹**：全人照護（Holistic care）已是人醫安寧界近年來的趨勢，旁枝於醫療的各類型輔助法，被視為全備病人身心靈舒適度的片片拼圖。我在第五節末尾，亦列出常協同運用來緩和末期寵物身心的輔助法。

◎**照顧者的自我照顧**：飼主的身心壓力誰人知！除了安親，照顧者還有哪些資源可以運用？Part 2 針對照顧者提供從身到心幫助自己的方法，從照顧自

己身心平衡開始，才能保障陪伴時心靈照顧的品質。自我犧牲不會讓寵物感覺幸福，先從愛自己開始，才有餘裕滋養牠的心。

◎**瀕死徵兆**：無論是傾向安樂死或自然臨終的照顧者，生命跡象的判讀都無比重要。不曉得死亡會如何發生，容易讓人恐慌；無視瀕死徵兆的出現，讓人以為死亡毫無預警就發生。第八節教你看懂瀕死徵兆及其意涵，幫助我們明白臨終時的身心變化，擺脫無助，提供過渡時期的陪伴對策。

◎**關於安息**：我們都希望心愛的寵物過世後能心無罣礙，都好想再為牠做什麼，以幫助牠能往生善趣。Part 3 中，我以七個離世溝通的故事，回答飼主普遍有的疑問，並在第七節介紹失去寵物後常見的悲傷反應，以 Worden 的哀悼四任務為主要架構，加上離世寵物開給飼主的心願清單，讓照顧者有所依循，用寵物對我們的溫柔善待自己，圓滿你和牠這段愛的關係。

心情安寧照護，銜接生到死之間那段較少人談論的板塊。我在工作裡陪伴照顧者，從確診後（不是臨終時，更不是在急救時！）開始的「末期」生活展開善終準備。我見證了很多感人的奇蹟！我指的不是病情因此出現逆轉，而是當照顧者聽到寵物的心思意念、感受到牠小小身軀裡大大的靈魂後，願意為了寵物轉念，尊重與接受生命的變化，鬆開自己固著的堅持，雖有不安但依然勇敢，以寵物的身心靈福祉為出發點，發展出寧靜與沉著的品質，陪伴寵物一起好好走完生命全程。並在寵物過世後願意疼惜自己，帶著寵物的愛繼續生活。

寵物不只給我們愛，也教會我們如何去愛。相處的時間雖非永恆，但在一起時那份獨一無二的親密情感，給了我們更大的愛，能願意突破自己的限制、穿越自己的恐懼，這般的勇氣與努力，正是生命交會時淬煉出最動

人的光輝。

照顧者能好好的，離世寵物才會放心

最初在構思這本書時，並不包含離世溝通的內容。已逝寵物的家屬來諮詢，很常問到要不要燒什麼、或骨灰如何安置才合心意，寵物真的在意這些身外之物嗎？這邊賣個關子。不過我很確定的是，即使與我們分離，寵物對我們的愛和關心依然不變。

離世寵物常見的共通心願，是希望家人能好好的。只是什麼才是「好好的」？壓抑悲傷不去感受，堵住淚水硬撐成人皮面具，難過的時候回頭來指責自己的悲傷，或者以超理智說服自己不該再去回憶，認為這樣只會讓逝者走不掉？或是成為另一個極端，緊緊抓住已逝寵物不放，頻繁的溝通要牠快點回來自己身邊。無論哪種，都是對自己的心傷冷漠。所有的刻意，都是抗拒的表現，其實我們沒有真正接受。我揣摩寵物口中的「好好的」，更像是對生命能夠坦然的一種接納。

寵物不會沒有人性的認為我們該要立刻笑容滿面、不再哭泣，牠們更在意的，是我們有沒有刻意要陪伴自己的意願，就像牠生前陪伴我們度過人生大小事一樣。即使分離，對我們的心意依舊不變。只是，我們願不願意接起寵物交在我們手中的棒子，繼續用溫柔陪伴牠所珍愛的自己呢？

與超過上百隻離世寵物對話後，我慢慢瞭解到，過世的寵物一如生前，不擔心家人悲傷，但卻非常在意家人「假裝沒有悲傷」或「沒有意願撫慰自己的悲傷」因而更加內傷。愛與悲傷是同相生，悲傷提醒我們需要關照、護理內在的傷痛，若我們理解自己的悲傷反應，帶著溫柔回應身心需求，並試著

接納與包容失落後暫時的失序，那我們便是延續寵物在世時的意志，盡心保管好牠在世時最重要的資產，也是牠過世後最珍視的遺產──我們自己。

適應寵物不在的調適歷程，稱為哀悼過程（mourning），坦白講這真的不是什麼好受的感覺。從原本依附穩定的關係，變成我們一人獨自面對著不再一樣的生活，很多回憶、情緒（多半是沉重、哀傷的）不請自來，生活像是跳針的黑膠唱片，失去了原先的節奏，聽著不成調的破碎旋律，更多時候讓人只想趕快遠離或跳過。很多人在難受中會問「到底什麼時候才能走出來？」你恐怕得先勇敢走進去。走進去，跟自己感受到的悲歡離合待在一起，如同寵物以前無條件陪伴我們一樣。

哀悼是一個歷程，有開始就會有結束

前提是我們不阻抗。還是得說這真的不容易，對過去鮮少接觸失落關懷的我而言，也是極有挑戰。為此，我向深耕於失落與悲傷療癒的諮商心理師蘇絢慧，學習悲傷輔導的理論和實務練習。這開啟了我在失落與悲傷支持的洞見，也讓我回歸到生而為人的基礎點，失落的人感受到悲傷不僅正常，更是正當且必需的；回歸心中愛的源頭（願意無條件陪伴接納任何樣貌的自己）不僅重要，更是每一次失落事件在提醒我們的人生要務。

這功課著實不好做！我練習著如實體察自己內心的感受，整理自己過往的失落事件，在過程中培養與各種情緒共處的能力。能誠實面對及接納自己的人，才能對別人抱持相同的慈悲。我掏著自己過往的傷，有時抗拒多一點，有時體會多一點，練習對自己和對別人都保持穩定而溫柔。

離世溝通諮詢時，偶爾接觸到難以調適悲傷的飼主，多半他們的寵物也確

實很掛心。生死永隔的失落，是無法藉由溝通中的對話就得以抹去；人心裡的空缺，是需要當事人足夠勇敢去碰觸自己的悲傷，才有機會為自己療傷。作為要促成生死兩相安的溝通師，我除了轉達動物的情感，我也陪伴傷心的人，在有限的諮詢時間裡去見證這因愛而生的痛，讓傷慟有出口，讓悲傷被承接，讓哀傷的人開始學著溫柔對待自己。即使如此，想要起身的力量，還是在當事人自己身上。

若真心希望寵物能夠安息，呵護自己的意願就變得重要了。沒辦法立刻做到沒有關係，只問自己想不想，有意願自然就會有出路。願意對自己不離不棄，即使悲傷重重仍願意對自己抱緊處理，這本身就是賦予自己支持、也是讓寵物安心的厚實力量了。

其實貫穿整本書的，從生前的心情安寧照護，到身後的自我疼惜，都是依循同一個方向所建築出的脈絡：寵物希望我們「好好的」的心意，始終如一。也因此，無論是末期對牠的陪伴、或是之後的自我陪伴，皆是秉持著讓牠能善終的目標在進行。愛使我們互相依偎，愛也使我們可以勇敢。

不透過動物溝通，也能進行的心情安寧照護

是否每個人都需要通過溝通，才能進行善終準備呢？我的身份雖然是動物溝通師，但我對此抱持開放的態度。我認為並非人人都與動物溝通有緣、相信動物溝通，就算相信，也並非人人都有機會預約到一對一的溝通諮詢。

事實上，這正是我寫這本書的目的。在過去溝通諮詢的職業生涯裡，我發現寵物的心境與要求雖然存在個體差異，但整體的大方向卻有高度類似性。因此，我盡可能將過去諮詢的內容整理出來，加上臨床的經驗以及安寧領域

的學習，試著統整出一個架構，呈現出大部分寵物在生命走到末尾時的心理需求，及可行的應對方法。

　　即使你沒有進行動物溝通，也能依著本書中寵物一般性的回答，去理解牠們面對死亡的態度，更重要的是，讀者能夠知道寵物在死亡面前真正在意的會是什麼。因此，你無需等到溝通後才能照顧到牠的心，按照書中的理解，即刻就能滿足牠的心願，為牠的心帶來最有力的支持。或者，即使沒有透過溝通諮詢，你仍舊能更細緻的陪伴、知道該如何為彼此做準備，自行在居家進行對話。我希望這本書的內容，可以為處於陪伴過程中的你，帶來一些幫助和支持。

　　有些人認為，動物溝通是不必要的（或抱持懷疑），覺得自己最清楚寵物的想法，這我也很認同。每家的毛寶貝都是獨一無二的，每段關係中的默契都是心照不宣的。作為最了解自己寵物的照顧者，你可以擷取本書有用的資訊，微調成為適合自己的方法。

　　我寫這本書的初衷，是希望每個飼主無論有無進行動物溝通，都能在陪伴寵物的有限時間中，於身、心、靈的照護上有具體的落實方式，於死亡能從容以對，於生命能化作感謝，成為滋養寵物與自己的養分。

　　知道自己走在對的方向上，為牠心靈的善終作準備，為自己此刻和未來的善生打基礎，為這段難得的緣分，以圓滿收尾。這是我們在與寵物離別前，還能為牠準備、送上的一份愛的大禮。

註1：本書中的實名個案，其對話內容與臉部肖像，皆經飼主同意及授權。以化名稱呼的案例，旨在示意照顧者常碰到的情境與心境，是大部分人普遍遭遇的改寫，並無特指單一個人經歷，若有雷同，純屬巧合。

註2：我們習慣以「飼主」這個詞彙，指稱人類家人。然根據不同的情境與角色，本書在書寫時，會用以下二個詞彙來指稱同一人，分別是：強調擁有權的「飼主」、供應身心護理的「照顧者」。

寵物終老前，還能為心愛的牠做什麼？

蔡文智（獸醫師、智遇動物醫院院長）

　　我想每個獸醫師都會期待擁有「和動物溝通」的超能力吧！這個領域其實不一定像電影般帶有神奇色彩，它可以是一種透過「學習」得到的能力。我認識動物溝通，是從張醫師的溝通開始，想要體會動物心中的純粹美好，請打開這本書，開啟你和動物連結的序幕吧！

　　認識婉柔的時間，從台大獸醫系學生時代開始算起，應該有一個世紀了！哈！應該是說，張醫師從台大獸醫系畢業，踏入杏林從醫，出國進修，轉至我和老婆開的智遇動物醫院工作，到擔任流浪動物花園顧問獸醫師，再變成幾乎是專業的舞者，最後深根「寵物溝通」，發願走入「末期寵物的心情安寧照顧」。這一連串不算短的生命課題，和張醫師感性又不屈不撓的個性結合，舞出一段令人驚嘆的世紀劇曲，我也在其中見證許多靈性的奇蹟故事。

　　身為從醫人士，我想大家最不想面對的就是「死亡」議題。但是張醫師從自身經驗出發，結合當獸醫時得到的感觸，在化身寵物溝通者的時期，深度理解此一層次的重要性和目前業界的缺乏，並發願前往這個十分重要、但又令人畏懼的領域，讓我很是敬佩。

　　這本書談的範圍既廣也深，並且適合當作工具書來使用，讓大家了解動物臨終面臨的狀況與需求，用真實的感人故事作為主軸，串聯起專業資訊；而張醫師感性細膩的文筆處理，就像她的語氣和風格，有種關心滿滿的氛圍，讓讀者就像親身與她一起經歷溝通的過程。

記得！準備好面紙是很重要的。書中談到「照顧孩子」、「陪伴孩子」、「與孩子溝通」、「父母的責任」、「如何放手」、「調整自我的角色定位」、「平衡家庭」、「正念」、「覺察」、「生命臨終的處理與心態的穩定」等觀點，相信你能在書中找到面對生命議題的價值觀和解方。

　　我身為獸醫又是管理者的院長身分，看過非常多動物的生老病死和各種生命故事。理性上，除了要解決不一定能打敗的難纏疾病；感性上，也需要緩解毛孩與家屬們的心理壓力。但目前社會上的趨勢，有兩點讓我比較感慨：第一是部分臨終動物的家長，用「贖罪券」的態度去進行醫療，雖然醫療做很多，但並不是為了孩子而做，而部分獸醫師也樂於配合；第二是很多獸醫的發展之路，是往專科或儀器升級方向，雖然診療時能給予高強度的專業，卻沒有同時提升診療時的溝通溫度。

　　這些現象由很多因素造成，也包含醫療的保護性和溝通上的不對等關係，希望這些狀況在張醫師推廣寵物溝通、飼主溝通與末期善終的理念後，能慢慢因心靈的提升而改善。

　　時至今日，我也還會擔心院內的醫師夥伴們，能否扛住疾病和生命議題並妥善處理。其實基本的「動物溝通」、「安寧陪伴」與「臨終關懷」，是每位動物從業人員（尤其是獸醫師）應該要具備的，我也期待能再將張醫師的寵物安寧教育推廣到每一個角落！

那些關於我們心愛寵物的善終大事

蘇絢慧(諮商心理師、心理叢書作家)

我的生命中,經歷了許多次和毛孩子生離死別的經驗,其中有兩隻喵孩子是從出生後不久,即來到我身邊,由我親自照顧、呵護、疼愛直至牠們終老,完成牠們的這一生。

牠們在身邊陪伴我將近 15 年的時間。15 年的歲月,足以證明牠們見證我的生命從幼稚到成熟的蛻變歷程,甚至比我的任何一位親友都要更親密、了解、參與我生活中每一天的大小事。

我還記得從牠們正式進入老年期(8 歲開始),我就不斷地預習牠們正在進行的老化和死亡的可能性。由於過去我曾擔任安寧病房的臨床社工師,對於生死離別的體悟感觸頗深,因此,每一天我都練習著感謝牠們在我身邊,不斷地對牠們說「我好愛你」,並且試著和牠們溝通:「請讓我陪你到最後一刻,請讓我在你身邊時再離開我,我想好好和你告別,雖然不捨也很心痛,但我希望是我送你走。」

我總是提醒自己和喵孩子要活在當下。即使我的工作非常忙碌,也有不少煩心的事,但只要和牠們在一起,我就能盡量活在當下,感受和牠們相依偎、相親相愛的暖心和情感的撫慰。

因為,我深深的明白,有一天死亡所帶來的離別時刻會到來,以任何一種形式出現。而我希望盡量保有意識,在準備那一天的來臨。但即使是如此,

牠們離去的那一刻，我仍然悲傷的肝腸寸斷，未有任何省略，因為那是我用生命所愛的孩子。

我想，任何一位身為寵物家長的人，都需要看這本書。本書的作者張婉柔，擁有陪伴末期寵物與照護者的豐富經驗，深深了解喪失寵物的心是多麼心碎和心痛。她從一名救命的獸醫，成為替寵物家長和其摯愛的寵物進行心靈溝通的動物溝通師，為了了悟生死大事，她還親自走進安寧療護，學習關於生命的善終之道。

一路走來，我為她永不放棄的意志而感動。她想結合生命所學習過的課題，以她善解人意、體貼及敏睿的心靈，為寵物善終的陪伴貢獻一份心意。她深知對於寵物家長來說，那是我們心上難以放下的牽掛，看見心愛的寵物受痛受苦，那一份痛苦就同樣的發生在我們身上。

因此，在這麼艱難的歷程中，若有足夠的指引和溫暖的陪伴，能讓我們知道如何減少遺憾、如何給予適切的關照、如何做下重大決定，以及如何關懷自己在告別之後的悲慟修復，相信這是非常重要且可貴的資源及幫助。

誠摯的推薦給你——正在面對寵物終老的你、想要讓生死兩相安的你、想要讓善終完滿你和寵物情緣的你。若心中正在呼喚需要一份力量來陪伴你面對，那麼這本書的出現，正是為了回應你。

夢裡，我總是焦慮悲傷的尋找一隻狗

德嘉法師（大悲學苑社區安寧靈性關懷教師）

　　某日我在菜市場看到一團髒髒黑黑會蠕動的小肉團，歪著頭張著呆萌的眼睛與我四眼相對，定神一看，哇！是一隻醜醜的流浪小奶娃。這麼小的奶娃沒有找食物的能力，如果遇不到願意飼養牠的人肯定是沒辦法活命的，於是我帶著驚喜又不安的心情帶牠回家。

　　那是一團軟趴趴的肉團，於是我叫牠：麻糬。

　　收養麻糬隔天，我抱著牠走到離道場約 500 公尺的地方運動，一個不留神的狀況下發現牠不見了，焦急的我喊著也到處問人，卻遍尋不著麻糬的蹤影。帶著滿懷的自責、不捨與擔心回到住處。哇！這奶娃竟然在箱子裡呼呼大睡。我太驚訝了，還在喝奶、走幾步路就軟腳的毛小孩，如何長途跋涉回到這個牠只待過一晚的家？牠又為何認得路呢？看著牠在箱子裡睡得香甜又安心，我心裡暖呼呼的明白這份認定！

　　牠慢慢長成。雙眼皮的明亮大眼，深棕色的毛，背脊一排黑色捲毛像極了獅子王的氣勢，漂亮又絕對忠心愛家的米克斯，當然也有著愛吃又愛搗蛋的本質。我非常疼愛牠，牠帶給道場很大的樂趣與笑聲。

　　麻糬三歲那年，平日喜歡跑跳的牠變得無精打采，對食物也沒了興趣。費心準備牠最愛的食物，拜託牠「吃一口」、「只吃一口也好」，但麻糬也像為了安慰我一樣，勉強嗅嗅。我沒有養狗經驗，牠是我生命中的奇遇，到這裡我才警覺需要送醫，牠生病了！

輾轉幾家動物醫院都沒有辦法醫好牠，經人介紹我把牠送到一家市區最昂貴、儀器最先進的醫院。我告訴醫生，不管花多少錢都沒有關係，請給牠最好的醫療。麻糬的病情時好時壞，每次去醫院看牠，要離開時牠總是低鳴，兩眼渴求的望著我，我知道牠想跟我回家。一隻從小活在大自然、以天地為床長大跑跳的狗，無法理解為何牠最愛的主人要離棄牠，把牠關在一個小小的鐵籠裡。

　　於是，我總是安慰牠：「麻糬乖，麻糬最乖了！麻糬要聽話，麻糬生病了，醫生叔叔是好人哦！等麻糬病好了，師父一定馬上帶你回去哦！」

　　每次的探望每次的心痛。我數度跟名醫說：「你老實告訴我，牠還有希望嗎？如果沒有醫治的可能請跟我說，我要帶牠回去那個牠從喝奶期就認定的家。」而名醫總是說：「沒問題！」一直在安寧病房服務的我，接到電話告訴我麻糬死了。趕回南部抱著冰冷的麻糬，眼淚怎麼也止不住。對牠說：「麻糬，師父來了，師父對不起你，師父現在就帶你回家！」

　　此後，我常常出現一個夢境，夢裡總是焦慮悲傷的在尋找一隻狗！

　　幾年之後的某日，大悲學苑來了一個氣質脫俗的嬌小女子，她是獸醫師又是寵物溝通師，她說想來學習安寧療護的靈性照顧，要把靈性照顧的精神用在寵物身上。如果我能早一點認識婉柔，也許不會有這麼多的遺憾發生。

　　失去寵物的悲傷，絕對不亞於失去一位摯親。聽聞婉柔要把多年的臨床經驗集結成書，並邀請我寫序，這是一件非常有意義的事，這本書一定能幫助曾經或正在經歷失落悲傷的飼主減少遺憾，在必要的當下，知道如何幫助自己以及心愛的寶貝。

從「我在」到「我不在」

李瑾倫（繪本畫家、灰灰友善動物協會負責人）

第一次遇到動物孩子的離開是 1995 年，然後是 2004 年。關於傷痛不需講太多了，因為拿起這本書的人都已經經歷過傷痛或是準備面對傷痛。

這麼多年來，我在每次的分離當中學習「這是什麼意義？」用心感受動物孩子們希望透過這一世來教會我或陪伴我的東西，學習更愛這個世界和感謝曾經相伴的生命。

在我書寫的同時，我第一隻貓剉冰正在附近小床上休息著，牠要邁向第二十歲。牠從小就有口齦炎，拔牙之後平靜很多年，但這一年又開始發炎起來。牠會因為嘴巴的不舒服或是痛而抿嘴、肚子餓卻吃不進食物。這星期醫生診斷牠的腎衰竭已經末期，這幾日喝水容易嗆到或是打噴嚏。我望著牠想（這樣的課題不會因為已經歷過許多毛孩的離開而不用再想）：「該怎麼做比較好呢？要繼續治療和投藥嗎？」這兩日牠吃得很少。

和醫生取得共識，「以維持牠舒服的狀態為主」。早上問了醫生，醫生說：「打針還是會比較舒服的。」所以我跟剉冰說：「我知道你很好也準備好了，但是你的身體很辛苦，所以我們要讓身體舒服一點，我們要對身體好一點，好嗎？」那個瞬間，我知道牠同意了。

我很晚才學習到，其實我們一直都在「對動物傳心」，這是每個家有毛孩的人天天在做的事（不用懷疑那些毛孩子們忽然傳給你們的訊息）。

離開前好好說一些話就不會有遺憾，有機會就好好說再見。這不是我們與牠的第一次相遇，也不是最後一次。

兩日前剉冰跟我說了許多話，記錄成短句，我想分享給你們：

◆
〈給我的媽媽〉by 剉冰

我在休息
一切都是完美的
我選擇了要離開的時間，這個時間近了
現在我只想用更舒服的狀態走向這一世的終點
我很開心和你在一起

不要擔心，我從來沒有弄錯你跟我講的意思
希望你知道，我可以選擇要離開的時間
選擇「對的時間」和「完美的時間」
所以沒有什麼事需要再想
不要變成壓力

是的，我靜臥在這裡休息著
我的生命力還好，流轉而過的是我這一生
在離開前的最後時刻，我在休息
我正在用眼前視角好好看著最後這段時光
不要為著什麼時候、什麼方式離開而煩惱，這是生命
我只是在等待著一個最好的時間

從「我在這裡」到「我不在這裡」

我願意是你的靈感 ，你記得，想到我的時候我就來了
記住一切都是有靈性的
我的能量永遠和你在一起
食物餵養的對象是身軀
你照顧的其實不是「那個我」，明白嗎？
真正的我，在永恆中

記得相愛和被愛的感覺 ，敞開點、自由點、輕鬆點，不要想太多
如果你需要支持 ，你記得，想到我的時候我就來了
謝謝所有的學習，我們已經不止一次在宇宙中相遇
當離開身體的那刻來臨， 我將在平安、愛與良善中離開

想要「靈魂擁抱」 隨時都可以來找我， 一切都是完美的
你記得，不管現在還是以後， 想到我的時候我就來了
記得「不要將自己隔絕在其他人之外」
我愛你。

◆

「想到我的時候我就來了。」
這些孩子們給我們的愛，將會展開我們生命中的另一個起點。

毛小孩的離別學分

柚子甜（暢銷書作家）

　　說再見是最沉重的課題，而毛小孩又是人心頭的軟肋，因此寵物的生離死別，也是許多人最難過的一關。婉柔用獸醫的專業，以及寵物溝通的實務經驗，替我們建好了一道橋樑，讓跟寵物說再見，不再是心頭隱隱作痛的傷。

願因愛而生的痛，都能痊癒與昇華

許朝訓（正向思維藝術 犬隻行為師）

　　我習慣將「寵物」說成「動物家人」，因為彼此在感情關係上的連結就像家人般親密。當我面臨牠們處於生命末期及重病時，幸運遇上了好的講師引導我度過悲傷與低落。希望本書也能成為你的那份幸運，幫助你將愛昇華為生命能量。

Part 1　陪伴寵物走最後一哩路，你需要知道的事

「我們只有一個實相，那就是此時此刻。
因為逃避而錯過的不會再回來……每天都
是寶貴的，一個片刻即為所有。」

——Karl Jaspers

Part 1

陪伴寵物走最後一哩路，
你需要知道的事

生命面前的大無畏者

寵 物 的 生 命 觀

總是活在當下的動物，生命觀跟我們不一樣，牠們對死亡的觀點、對活著時的態度，與人類照顧者關注的面向大有不同。「能在一起時，就一起好好生活；迎接生命的終結時，知道飼主能把自己照顧好，就心滿意足了。」這是寵物普遍的想法。

接觸動物溝通之前，過去的我除了是個獸醫，也是一個飼主，一個跟所有人一樣會捨不得、會掙扎而感受到痛苦的人類。當我得知陪了我九年的貓咪咪罹患癌症時，我的生活從此不再一樣，感覺到的晦暗時刻，遠遠多過滿足、平安的片刻；大多時候我都處在自責和想要彌補當中。

當時雖然選擇了安寧照護的方式，卻又割捨不了深植於腦袋的傳統觀念，因此花很多時間在餵食上跟咪咪抗戰，哪怕牠奮力掙扎，鑽進躲藏的空間；哪怕牠很堅定的用屁股對著我，即使把從國外特地買回來給牠的玩具全部攤在牠面前，牠連看都不看一眼。我很「用力」的付出，想要把我對牠的愛，全部傾倒在牠身上，雖然我也觀察得出來，這些都不是牠最想要的。當時的處境，距離真正的心理「安寧」，十分遙遠。

直到某一天，歷經又一次「大戰」過後，我們都精疲力盡了，我很沮喪的坐在地上，咪咪不久後在我身邊安安靜靜躺下休息，很久不見牠那樣輕鬆側躺著，還用手蓋住眼睛、遮住多餘的光線，就像以前沒有生病時一樣。那安詳的樣子、許久不見的畫面，讓我醒了過來，如同大夢初醒般的發現，或許咪咪要的不是什麼金剛不壞之身，也不是我心嚮往的恆常永久，或許牠只求在心愛的人身邊，一如往常的生活與互動，這樣就滿足了。

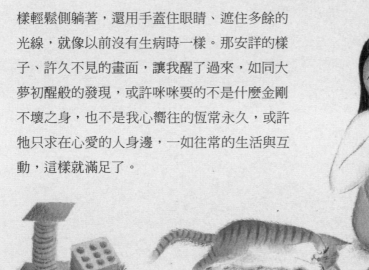

我後來常常在想，最後陪伴牠那短短五天，對牠來說會不會像五十年一樣漫長？待在自己最愛的人身邊，同時卻得承受諸多不想要的強迫與折磨。我曾經因為這樣又自責了好多年，直到有一天，我明白了咪咪早就脫離當下的情境，早已展開新生活，如今快快樂樂的以靈魂的姿態活著，沒有被困在過去的處境裡。是我自己跟自己過不去，因此長年陷在回憶裡挑剔、責難自己。

如果生命能重來，
會有不一樣的決定嗎？

很遺憾的是，「生命重來」這件事不可能發生，但確實改變了我的未來，對於臨終，我開始有不同的眼光、不同的探索。我想，這是我的寶貝咪咪教會我的一個寶貴、重要的課題。

時間快轉到今日，如今社會上對於安寧開始有了更全備的認知，安寧照護、陪伴走向善終的概念，在越來越多的獸醫、飼主間開花，也因此寵物的末期生活多了一分溫暖、一些人味。

安寧療護的發展，有其歷史背景。在過去，當一個人已病入膏肓、性命無救時，那是一段很艱難又無助的時期。當醫護人員不再能藉由醫療

手段進行治療時，醫療的終止、人員的撤離，對於當事人及家屬而言，形同被遺棄。絕望與挫折，成為他們迎接死亡的唯一同伴。直到桑德絲醫師（Dame Cicely Saunders）——現代安寧療護之母——於 1967 年開創了聖克里斯多福安寧院（St. Christopher's Hospice），全世界第一間有特殊服務方案，以醫療團隊合作方式，照顧陪伴癌症末期病人走完生命全程，並協助輔導家屬度過哀慟期，末期病人的福祉才開始得到醫界重視。

我很喜歡桑德絲醫師說的一段話：「你是重要的，因為你是你。即使活到最後一刻，你仍然是那麼重要！我們會盡一切努力，幫助你安然逝去；但也會盡一切努力，讓你活到最後一刻！」當病人處於生命末期，經歷的不只是身體不適，當事人與家屬的心，在生命末期的每日每夜、臨終、死亡及如影隨形的悲傷時期，都會經驗到強烈的痛苦。而安寧的出現，除了以緩和醫療去減緩病人的生理不適以外，同樣重要的，是讓人還活著的時候，能夠得到全程的陪伴，獲得心理、社會及靈性的照顧，讓活著不是等死；活著，是為了能好好與家人共度還有的每一天。

所謂的「善終」（原文是 good death），是建立在安寧照護的基礎之下，希望達到的目標。善終指的狀態是什麼呢？我想分享諮詢心理師蘇絢慧在《最好的告別：善終，讓彼此只有愛，沒有遺憾》推薦序裡的一段文字：「臨命終時，沒有遭到橫禍，身體沒有病痛，心裡沒有罣礙和煩惱，安詳而且自在地離開人間」。我們都知道與寵物相伴，必定會面臨到送行的那一天，著重以寧靜的心情陪伴，使寵物往生那刻能心無罣礙的善終，便是我們作為照顧者，在陪牠走完生命旅途前能著力的方向。

我猜想，此刻正在閱讀本書的你或許跟過去的我不同，在陪伴自己的

寵物走最後一哩路所抱持的態度，可能比當時的我成熟許多，我衷心為你和你的寵物感到歡喜，因為這代表你的毛孩寶貝有一個貼心的夥伴。

但我也發現，在自己服務的個案裡，仍舊有不少人跟我走上一樣的路，在否認、憤怒、討價還價、沮喪之間反覆受挫著，直到死亡發生在眼前的那一刻，都來不及轉換成為接受（悲傷五階段，Elisabeth Kübler-Ross）。想來這也是人之常情，畢竟我們是人，在真正接受分離會發生之前，內心的小宇宙本來就會波折不斷。不過，只要我們有自覺，或明白對方的需求，就有機會跳脫內心的牢籠，轉換成一個稱職的陪伴者。

寵物想的跟你不一樣

大部分的照顧者來進行心情安寧溝通諮詢後，會有一個共同的發現，那就是發現寵物跟自己想得不一樣。或許因為角色不同，所以關注的焦點自然不同，不過更核心的是，動物的生命觀確實跟現代人有著天壤之別，牠們對死亡的觀點、對活著時的態度，與我們這些照顧者關注的面向大有不同。

很多照顧者在看到自己與寵物在意點的差異後，就如同咪咪為我上的那一節課，會開始調整自己，按著寵物的心理需求去互動、陪伴。雖然所做的照護內容沒有差太多，但是陪伴的品質、在一起的感受，卻會產生天差地遠的不同。也因此，照顧者甚至不需要反覆回來進行溝通，因為他們已經了知在生命的最後一哩路上，什麼是重要的、什麼是可以調整的。當內心篤定時，平安、寧靜自然就同在了。

如果要我用短短幾句話，去總結寵物對自己生命末期的想法和需求，那就是「能在一起時，就一起好好生活；迎接生命的終結時，知道飼主能把自己照顧好，就心滿意足了。」相較於人，寵物的心思非常單純，牠們一生的眼光都注目在飼主身上，因此，能夠明白牠們關心的重點，便是心情安寧裡最為重要的第一步。

一切都從生命觀談起

想要了解寵物的心理需求，就要先認識牠們的生命觀——動物是如何看待生命的起始、如何感受這些變化，以至於在牠們的心中，形成獨特的重要性排序。

我曾跟一隻 16 歲的老狗文文（化名）談過牠對死亡的觀點，對活著的日子的想法。

我：「面對身體的變化，你的心情如何呢？」
文文：「當一天和尚敲一天鐘，我還能吃能喝能睡，沒有需要多想。」
我：「身體一天一天的變化，會讓你害怕嗎？」
文文：「要害怕什麼？如果身體真有變化，我也控制不了，不是嗎？而且未來會怎麼發生，也不一定跟現在想像的一樣。過好現在比較重要。死亡會來到，但在它還沒來之前，我能做的就是沉住氣，繼續過好我跟媽媽在一起的日子。」

文文的回答，差不多可以代表大多數末期寵物的心聲：簡短但是鏗鏘有力。對生死沒有太多大道理的贅述，死亡之於牠們，就像呼吸一樣自

然，順應天道、順流而行，似乎是動物與生俱來的生命哲理，也顯示出動物的純粹。

或許有些人會覺得，抱持這樣的想法，是否為一種喪志的表現？相較於人拼命追求活得更久、拼勁更長、抗拒死亡，寵物這種坦然的心境、對生命走到尾聲的釋懷，對人類來說確實是種陌生的狀態。在我的感覺裡，寵物的生命觀體現出一種大無畏的態度，不僅有著兵來將擋、水來土掩的沉著，也帶有一種堅定的平常心。此外，牠們的焦點並非定在還未發生的死亡上，而是每一個當下。

如果我們用現今提倡的「正念」（mindfulness）觀點來看（筆者註：全心全意專注於當下），不難發現時刻都活在當下的動物，頗有正念的狀態，這也難怪在這個看起來相對艱難的階段，牠們仍能保有內在的穩定和無懼。或許，越是需要用力抗拒，才越是代表心裡無力抵抗的脆弱。對寵物而言，外在環境精彩也好、平淡也罷，只要每一刻都充分去經驗自己的感受和情感，那麼生命的每分每秒，便發揮了最大的價值，真真實實的活著。

我曾問過一隻兔子胖丁，關於「活著」牠是如何定義。胖丁説：「如果我活著，只是為了不要死掉，不能見到每天的日出，不能嗅嗅、聞聞、玩躲貓貓，無法跟我的家人如往常般自在過生活，失去了跟他們互動的能力，也喪失表達拒絕、抵抗的權利時，這樣的『活著』並非活著，形同死去。」

　　懷抱這樣的信念，當我問起「剩下的日子想要怎麼過」，對照顧者而言，在意的都是還能「做什麼事」，而寵物關注的，多是把握剩下的每一天，跟我們一起好好「過日子」。現代人的天性是急著解決問題，而動物則是不疾不徐讓自己待著；對很多個案主而言，聽到寵物這樣的回答，總覺得「沒有回答」，因為答案太過平凡無奇，不是我們想聽的答案。

　　意識到尾聲即將來臨時，人們總是很急切的把自己想做的、能做的通通傾倒給寵物，深怕做得不夠、不對、不好，但對寵物而言，似乎比人類更平常心，雖然身體的病痛多少帶來不適，但牠們更在意每個當下的情感交流，而不是那些看起來「很厲害」的事。

即將離開的牠，
最想要的是什麼？

　　很多照顧者都有這樣的夢想（尤其是養狗的飼主），希望有閒、有錢時能帶寵物出去玩，幾天幾夜的環島旅行、上山下海看日出、坐飛機出國玩，這些都是我常聽見的。我在想，對人類而言，外頭是一個永遠探索不完的花花世界，追求的常是更多、更好、更不同的事物，所以當我們感覺生命受到威脅時，便會想將來不及看的、吃的、玩的、做的，如

煙火燦爛一般，用盡全力一次滿足。然而，對寵物來說，或許外頭也還是深具魅力的，但講到在牠們心中的重要性排序，卻是遠遠不及牠們所愛的飼主。

有句話說，對寵物而言，飼主是牠的全世界。這句話對應到末期寵物的心聲，依舊如此貼切。對寵物來說，我們就是牠的全世界，我們的一顰一笑、摸摸、說話、情緒狀態，都是牠們一直以來關注的焦點、快樂的來源。當生命走到最後一哩路，自然會思索起最重要的事，因為時間有限，只想花在有意義的事情上頭。在我溝通過的寵物中，牠們想要的大都是化繁為簡、少即是多，跟我們待在一起，持續著家常的生活型態，似乎那頻繁出現在日常互動中的細膩情感，更容易觸碰到牠們的心。

很多人說，家之所以讓人懷念，不在於它多厲害、多體面，越是家常、看起來樸實無華的模樣，才真能勾起異鄉遊子對家的熟悉感，也是心裡深處的歸屬感。或許家常本身，便是幸福感的來源。像平常一樣撫摸、親吻牠，或帶牠去平常散步經過的小公園放風（即使牠已不良於行），或僅僅只是單純陪伴在牠身邊，這些小小的、看起來沒什麼特別的舉動，都像是和煦的陽光，會把牠們的心頭曬得暖暖的。

相較於動物的單純，有些時候，人類的心思就讓自己比較辛苦了。拜發達的現代醫學所賜，寵物的健康、壽命都因此得到嘉惠，這確實是可喜可賀；然而，我們無可否認的是，沒有相對應的生命教育作為底蘊，某種程度上，人類因為感覺籌碼變多了、能掌控的變多了，對於延長壽命、想要再拼一下的執著，也會跟著變得更強烈。

當我們手握越來越多種選擇，但又無法掌控自己紛亂的心，只能任憑自己的慾望恣意奔馳，難以接受生命可能走到尾聲，冀望每次治療都能像前一次般擊退死亡，這種無論如何都要達到自己的渴望、人定勝天的思維強化，迫使我們的眼中容不下客觀事實的呈現，更難以接受無常的發生。想來是幸，也是不幸，我想這真是屬於人類特有的課題了。

飼主作為照護者、給予者，首先需要了解寵物是怎麼想的，才會知道牠到底需要什麼、想要什麼、在意什麼，再去進行居家照護、陪伴，才真能符合當事人的心意，讓牠開心。所謂的「體貼」，不是指給很多，而是洞悉對方的心，給進心坎裡。所以照顧者不需要「很用力」的給予，只要能體會牠們的心思，就能讓自己脫離擔心、焦慮，從不確定自己做得「對不對」、「夠不夠」裡解放出來，也讓如影隨形的身心緊繃紓展。因此，我們要學習給得恰到好處，不拿著放大鏡苛求完美，剛剛好就好。

現代飼主對寵物的照顧，可比擬人類的品質，會在網上查很多資料、問很多醫生、學很多方法，這些都很好，畢竟生理身體的照護品質，是心理安寧的基礎，只要再加上理解寵物的心思意念，以符合牠心理需求的方式加以應對，你就擁有了那根萬能釣竿，永遠都能為寵物和自己的心靈，帶來踏實和安定感。

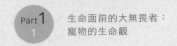

不只是照護，更是陪伴

　　飼主之於寵物，擁有多重的角色，是承擔照護的給予者，是寵物感情歸屬的安全堡壘，也是與牠們肩並肩同行的陪伴者。在這段人與寵物的關係中，人類看起來是動物的「擁有者」，這也讓我們常不自覺認為寵物是屬於「我的」。只是，動物其實跟每一個人類個體一樣，擁有自己的完整性，我們與寵物，本就是兩個獨立的靈魂，是因為緣分走在一起、有幸共同走一段路。

　　既然是旅伴關係，當我們與寵物作伴時，要留心牠的感受，也要負責照顧自己的感受。有自助旅行經驗的人都知道，好的旅伴搭檔，不是匆促於趕行程、買名產、自顧自的拍照打卡，而是能夠配合彼此的步調，充分體驗當地的風土民情、享受彼此自在的互動。雖然這樣不一定能看到最多的景點，但是過程中點點滴滴的風貌，都會是深刻入心的美好回憶。

　　若是一方過度看重自己，或是失去自我，心態就容易偏頗，容易無視對方的心情，只想要對方按照自己的期待行為表現；或者失去自己的主體性，想盡辦法想要取悅對方，深怕自己做得不夠好會遭責難，總是處在戰戰兢兢中。無論是哪種，都是關係的失衡，都容易讓自己陷入過度掌控、難以放鬆的身心緊繃。

與末期寵物同行，是一樣的道理。不要像以前的我一樣，只顧著把寵物拽往自己想走的方向、把我們自己想給的硬塞給對方。當我們願意透過聆聽和尊重，去體會牠的想法和意志，如實面對每一天的變化，也練習自行照顧屬於自己的脆弱時，你就具備了能力，如同暖烘烘的陽光能溫暖牠的心，讓牠感覺活著的每一天都不枉此生、充滿意義。寵物口中說的「一起好好過」，便是這麼一回事。

很多人都說，表面上看起來是飼主在照顧寵物，但實際上，是寵物在照顧我們（的內心）。回頭想想，確實如此。寵物在我們生活中扮演的角色，不只是動物，對很多人來說更是心理的寄託、心情的安慰、家的歸屬感所在。當我與末期寵物溝通時，幾乎每一次都會聽到寵物對家人的牽掛和疼惜。雖說動物能坦然接受死亡會發生，也較能活在當下，但這並不會抵消面對分離而產生的不捨情緒。或許，錯綜複雜又百變的情緒面貌，才是感情豐沛且複雜的我們，在面對如此重大的人生經歷裡，會面對到的內在真實。

在與胖丁的同一次對話裡，讓我好奇擁有如此宏觀的生命態度、如此鎮定，幾乎讓我想用「很有尊嚴」來形容的胖丁，在想到分離時是否也會感到不捨？

我：「我同意你的說法，『當時間到了自然就結束了，不需要把時間耗在擔心上。該來的就會來，擔心也無用。』但是，你會有捨不得家人的感覺嗎？」
胖丁：「怎麼可能沒有，自然會捨不得。但是，我學著面對現實。我的媽媽一向是愛我、尊重我的，過去她給了我很大的自由度，讓我能夠安

心在這個世界中探索、遊戲；對她，我只有滿滿的感謝。如果說，我與家人能夠同行的時間到了，媽媽可以恢復自由了，我想我要學著放手。我愛她，我想用她愛我的方式回報她，我不想拖著一條老命只是為了綁住她。」

面對生命的最後一哩路，放手是個很難的議題。或許我們要學習放掉的，並非寵物本人，也不是要趕緊終結牠的性命；要放掉的，是我們對生命長度的堅持，是自己對於付出的滿心急切。試著如實接納無能為力的感覺，接受自己的不完美，也能試著承認自己內在的恐懼。當我們對於自己的感受有更多覺察時，就如同光照進洞穴，驅走了黑暗；帶著對自己的理解，照顧好自己的心理需求，才能區分什麼是屬於自己的渴望、什麼才是寵物真正的需求。

如果我們沒有辦法靜下心來分辨這兩者的差異，就會很容易混淆，把自己想要的，當作是寵物需要的，一股腦強加到牠身上。這樣，就與我們希望透過照護而達到的安寧感受，完全背道而馳了。

隱性的需求：關照自己的恐懼

相較於動物在死亡前的無畏，身為照顧者、陪伴者、家人，除了體驗到各種角色帶來的感受，也會被自己最本能的、核心的感受所牽動。悲傷，是最容易辨識的情緒，想到在不久的將來就要面對分離，難過、不捨自然就會浮現。不過，通常在我們內心衝撞的，不只是悲傷而已。

當人意識到自己心愛的寵物正走向生命的終點，個人所受到的震撼可

以是很多層面、同時進行的。天下父母心，寵物就像我們的孩子一樣，是我們心頭的肉，對某些人而言，甚至把寵物看得比自己還重要，所以當寵物因老病而產生外貌的改變、行為的變化，或是出現食慾不佳、身體不適的表現時，不僅會為牠感到無比的心疼，一種隱藏在我們內心最深處的感受，也會如同受到召喚的陰靈，從內在深處爬出來嚇唬我們。

　　恐懼，幾乎可以說是所有照顧者都會經歷到的情緒，無論你有沒有覺察到，它都在那裡。有些人沒有經歷過寵物死亡，有些人則是經歷過太多次死亡事件；有些人大半輩子的情感依附都建立在寵物身上，有些人甚至感覺世界上只有寵物才是唯一值得信賴與託付的生命共同體；有些人在寵物身上找到溫暖，有些人只有與寵物在一起時才感覺活著有意義。寵物對我們而言不僅是一起生活的夥伴，是我們情感的依託，或許還是我們認同、實踐自我價值的對象。

　　當我們感受到寵物能再同行的路途有限時，與寵物一同建構起的自我及安全感，也會遭受動搖。或許讓個人感覺天搖地晃的恐懼來源不盡相同，然而，當我們只能看著心愛的動物一天天衰弱，自己卻無能為力時，那種從心底油然而生的無助和恐懼，會像千萬隻蟲子蔓延到全身，驚恐、顫慄、滲入骨裡。

　　面對這種讓人束手無策的恐怖感受，內心會本能想「做些什麼」以擺脫這種無能為力帶來的深層恐懼。在某些人身上，這種動能會表現成對死亡的奮力抵抗，追逐更新、更積極的治療，認為「選擇安寧就是等死，等死就是放棄希望」，人生不能沒有希望，因此絕對不向死亡低頭，要為了寵物奮戰到底。即使所採取的治療已無法嘉惠寵物，也依舊堅持。

同樣的動能到了另一種人格特質上，則會呈現另一種樣貌。總是在找自己的不足，每週回診向獸醫報到是應該的，居家照護完善是應該的，自己做的每一件事都是應該的，看不見自己的努力、也看不到努力過程中帶來的價值，只是一直聚焦在哪裡還有照顧不周，深怕有一點點做不好，就全都毀了。末期的生理狀態本來就是多變的，照顧者常常陷入打地鼠的困境裡：一個症狀緩解之後，馬上面臨新的症狀；一個器官系統正在治療，又發現另一處也有問題；一旦有起色，又開始擔心是否只是迴光返照，諸多的不確定性，使得照顧者無時無刻處在備戰狀態，此等內心煎熬，讓人無論日夜都難以安頓。

這樣的戰戰兢兢，一有風吹草動就慌忙衝醫院，再回頭狠狠責怪自己一定有疏漏，隨時都如臨大敵，讓人一刻都無法放鬆。這類型的人難以承受寵物衰弱帶來的無力感，達不到對自己的高標準，於外於內都處於極度無能、無力的感受，接不住自己內心的墜落感，只能本能向外揮拳，以治療、更多的治療來對抗內心的恐懼。這會陷入一種惡性循環，越想向外打擊「讓我們痛苦的」死亡，越發感覺內在的恐懼和不安。死亡看似是帶來痛苦的「實體」，實則只是映照出我們的心魔。

當我們忽略內心的恐懼，沒能及時回頭安撫自己的不安時，就會時時刻刻處於草木皆兵的惶惶不安中，屏氣凝神等待下一刻問題來到。在等待中檢視又檢視自己哪裡還有疏漏之處，將自己切換至解決問題的模式，以至於暫時關閉了細膩的感受能力，感受不到自己，也感受不到寵物，更感受不到彼此之間的情感交流；佔據眼睛的只有問題、和待發覺的問題。這就難怪照顧末期寵物時，人很容易進入問題導向，卻無法像寵物期待的那樣，在有限的時間之內一起「好好過生活」。

很多的照顧者都抱持著殉道者的廣大胸懷，認為「我沒關係，寵物好就好」，只是，當我們自己不太好的時候，寵物真有可能感覺良好嗎？當然，無可否認的，照顧末期寵物的照顧者，確實承受萬般壓力，若要雲淡風輕、笑看一切，實在不太可能，畢竟我們是人，有屬於人性的脆弱，也有個人待提升的生命功課。

只是，若我們在照顧的過程中，忽視自己的內在狀態，對於自己的不安和恐懼無法安撫，任憑恐慌、焦慮在身體裡外亂竄，只是一直尋找外援作為自己的急救兵，我們就難以安頓自己的內心，離自己越來越遙遠。這樣的混亂除了容易被寵物感受到不對勁，也難以「說服」寵物，讓牠們對我們放心、對未來感覺安心。

梳理罣礙，溫柔的告別

 個案 1. 胖丁

東方人受佛、道教的影響甚深，在談到死亡時，我們都很在意：臨終者是否心有罣礙。在安寧照護的精髓裡，也把梳理當事人內心的掛慮，視為一個重要的工作目標。我們可以想像，若是一個末期病人年紀才四十幾歲，是個有家室的男性，那麼在面臨自己的死亡時，讓他最掛心的很可能會是結縭不久的妻子、來不及看著長大的孩子，還有失去男主人的家的經濟狀況，或許還有在世的老父母。同理，在安寧溝通諮詢時，我常常有類似的感覺，只不過心懷牽掛的是寵物，而牠最放心不下的則是最在意的我們——最親愛的飼主。

寵物不擔心自己會死掉，但會擔心飼主是否能安頓好自己的內心，接

45

下安撫自己情緒的棒子。就如同年輕的末期病人，感受到妻小對未來的茫然、恐慌時，自然會苦苦撐著，多一天算一天，只求在分離之前，能夠看到家人得到支持，自己心裡也會比較安心。末期寵物在意識到分離在即時，也多是懷抱這樣的想法。

前面提到對「活著」很有態度的兔子胖丁，牠是隻 15 歲的老兔子（是的，你沒看錯，15 歲的兔子），據飼主形容，胖丁是個很有個性、古靈精怪的兔子，不同於一般兔子的逆來順受，胖丁總是閃爍著一雙慧黠的大眼睛，用牠的表情和反應，來讓飼主知道想要什麼、不想要什麼。很幸運的是，胖丁有個非常尊重牠意願的媽媽，除了在生活中儘量滿足牠的喜好，也給牠非常高的自由度。

長期吃藥控制慢性心衰竭的胖丁，前陣子又發現雙側的肺都長了腫瘤團塊，在採樣評估時幾經折騰，治療計畫也似乎沒有一個是對胖丁完全有利的選項。看了兩位醫師，提供這隻資深兔兔的治療方針，卻是完全兩極化的差異。對所有的照顧者而言，這大概是最無助、茫然的時刻，同樣都是專業人士，給出的建議方向卻如此不同，到底該聽誰的？該依循什麼標準做決定呢？「怕放棄了救牠的可能，又怕給牠增加無謂的痛苦，也怕不管選哪個，都是自己的自私。」媽媽很希望做下的選擇能給胖丁最好的、也是最符合牠心意的決定。

每一個決定，就如同銅板的兩面，一旦選擇一種，意味著需要承擔相對應的結果，醫療也不是物質買賣，無法給人完全確定的保證。所有的不確定性加在一起，就怕做錯了選擇就毀了寵物的幸福快樂，這讓飼主一度陷入進退兩難的局面。

反覆思考後，考量到胖丁各方面條件，飼主最後決定採用安寧照護模式，以維持生活品質為優先，盡量讓牠的餘生還是可以照常做自己喜歡的事，在活著時活得像牠自己，是飼主想要傳達給胖丁的心意。

飼主是個心思細膩、親力親為的人，對胖丁的日常起居照料可說是無微不至、無可挑剔，為了讓胖丁的生活豐富、有趣，她搜尋了歐洲野兔會食用的植物，為牠種植各種新鮮香草，讓胖丁每天都有多樣、不同的選擇。飼主也固定每天帶胖丁到住家樓上的小花園曬太陽，在一盆盆的香草間蹦蹦、跳跳、走走；瞇著眼睛吹吹風，聽著鳥鳴，享受悠閒的放風時光，生活的型態和重心，幾乎都是以胖丁為主軸。然而，即便定調安寧照護，尊重生命的自然長度，但對於身體可能的變化、死亡的靠近，還有不確定這是否真是胖丁想要的生活，照顧者雖然已經努力調適自己的壓力，但在隱隱約約中，仍舊感覺到不安。

不想讓飼主失望，
成為另一種壓力來源

在進行溝通諮詢時，飼主想知道如何照顧能讓胖丁舒服、開心、覺得好些，也想知道牠在意的點，希望盡可能去滿足牠的需求、不要遺漏。當我跟胖丁提起，牠首先提到的，不是要媽媽做這做那，而是表達對媽媽的感謝。接下來，牠出現一個耐人尋味的反應……

胖丁：「唉，媽媽就是這樣，她總是非常傾聽我的心聲，對我的喜好和一舉一動幾乎無所不知。我需要的，她都主動準備好，我想要的，也都會自動送到我面前。」

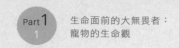
我：「聽起來媽媽很重視每個跟你相處的環節，但是，為什麼在嘆氣呢？」
胖丁：「這讓我感到有些壓力，好像活得好好的，是我的責任跟義務。」
我好奇：「難道你不想活得好好的嗎？」
胖丁：「我當然想，只是……我知道媽媽很在意我，不容許自己出錯，她對自己很嚴格，我不想讓她失望。媽媽花很多心思在照顧我，我不想讓她覺得我生病是她的錯，我也不想她把我的不舒服全部攬到自己身上變成她的責任，更不想她為了死亡這件事，傷透腦筋。有些事不是她的問題，不是她要負的責任，但我卻常常看到她嫌自己這裡不夠、那個不好，這讓我很心疼，也很為難。」

我想胖丁讀到了照顧者另一個層面的恐懼，認為自己凡事都要負全責的不合理標準，和容易自責的傾向，為自己帶來巨大的心理壓力。

寵物跟我們朝夕相處，如果我們有什麼焦慮、不安，或是自責、內疚，即使我們嘴上不說，往往都還是會被這些小腦袋給讀到。當然，牠們也會讀到照顧者對生命長度的期待，基於對我們的愛，牠們自然不想讓我們失望，不想我們經歷自我批判時的難受。只是，牠們也清楚自己身體狀態的變化，夾在理想和現實中間，會形成一種隱形的壓力，沉甸甸的壓在牠們心上。

接受事實，把握有限時間，
只想和你好好過

胖丁提到牠對此刻的生活態度：「如果日子有所好轉，我接受；如果日子越來越難過，我也接受，任何變化，我都接受。出現在我生命中的

所有挑戰，我都會面對。對我來説，生命中擁有多少不是最重要，而是看到我所擁有的，並心存感激。我想我是幸運的，我很感謝媽媽支持、尊重我每一個喜好。她為我做的已經夠多、夠好了，我只想每天跟她像平常一樣開心過日子就很滿足了。」

面對倒數的生命，胖丁的生活態度，幾乎等同於大部分我溝通過的寵物的心聲，沒有陷在對過去的懊悔，也不花心思去擔心還沒到來的未來，只是專注於每一天所擁有的，正面迎向生命中所有的挑戰。接受、面對、處理、前進。

我特別記得牠說「生命中擁有多少不是最重要，而是能看到我所擁有的」，不花時間在糾結或怨懟裡，如實接受現實，珍視並感謝生命中所擁有的，以不卑不亢、無所畏懼的態度，去面對生命最後一哩路。我跟飼主稱胖丁為小小哲學家，感覺在牠小小的身軀裡，住著一個大大的靈魂。

溝通結束後，飼主傳來訊息：「上次溝通之後，我看見了很多自己的盲點，與胖丁的相處走歪時，能有意識的拉回來。」自我調整的能力，是人類擁有最棒的潛能，知道了想走的方向，就能有意識的陪伴自己走過這個歷程。一直到胖丁過世，媽媽都再也沒有回來溝通的需要了。

胖丁過世後，媽媽整理了自己的心情，她是這樣回覆我的：

「如果沒有諮詢去明白胖丁的心意，我們可能會在善終前拐彎，錯過很多美的、善的展現。又或許我會自溺在遺憾與負疚。現在回想起來，

最後的日子裡，胖丁給了我很多挽回遺憾的機會。當我想起胖丁，想到的都是快樂的事。我由衷為胖丁的新生喜悅。」

我為胖丁得到牠想要的善終而高興，更佩服飼主的轉變。化解恐懼的心理壓力、自我轉換不是件容易的事，但從結果來看，她所下的功夫非常值得。

我常常覺得動物是老師，牠們來到我們身邊成為我們的同伴，與我們共度快樂的時光，到了生命的尾聲時，依然是用自己的生命，來讓我們有所看見、體驗、學習。

當我們知道生命無可迴避要經歷這個關卡時，或許也能跟著牠們一起勇敢、一起面對、一起好好生活，珍惜每個片刻的相處。雖然最終都是以死亡結尾，但我相信過程中所有的經歷，以及一起體現出的大無畏精神，是所有寵物與照顧者共同難忘的生命養分。

是愛讓我們相聚，也是愛，讓我們能夠勇敢。

「該讓牠知道自己的
生命正邁向終點嗎？」
病情告知

- -

很多人認為，病情告知是一件殘忍的事。
但是身為「當事人」的寵物，牠其實比誰
都清楚。牠在等待的是一個機會，等我們
與牠一起勇敢、一起面對，一起為說再見
的那天做準備。

　　當寵物的病情處於末期階段，醫生已經明確告知預估的生命期限，也許是幾週或幾個月，作為照顧者的我們，該不該讓當事人——也就是毛孩本人——知道？

　　這是一個讓家長困擾的問題，至少在我接觸到的飼主們是這樣的。大部分來做末期寵物心情安寧諮詢的照顧者，多會希望透過溝通去了解「有沒有身體的不適」、「還有什麼心願」、「有沒有想對家人說的話」；有些人會想要問後事處理的選項意願，但常擔心這樣詢問會讓寵物聯想到自己接下來生命有限，而倍感猶豫；有些人則是直接要求我在跟寵物對話時，不要提到診斷、不要涉及未來生命將出現的變化，擔心寵物一旦知道，就會變得沮喪、消沉、喪失活著的希望，毀掉能開開心心度過餘日的機會。

讓寵物意識到自己生命有限，
是殘忍的事嗎？

　　我過去也這麼認為。我記得，曾在一個末期寵物溝通的事前會談中，問及飼主曉不曉得接下來病況會怎麼發展、醫生有沒有說還有多少時間，他回答：「沒有，醫生很仁慈，他都沒有提到。」我回想起以前在臨床工作時，當身為主治醫生的我，必須進行病情告知，讓飼主明白他們目前面對的處境，不再是這個病該怎麼治癒，而是存活時間還有多久，情況不樂觀、要有心理準備。要進行這樣的說明前，我自己是很難受的，彷彿自己是個殘酷的判官，不只判定了寵物的死刑，也將徹底承認自己是一個失敗者。

　　只是，當我們歌頌著「抗病才有希望」、「打敗死亡才是勝利」的同時，面對生命，又有誰真的有那個能耐，能夠去改變生命終究會結束的事實？醫生畢竟不是老天爺，當揭露事實、讓當事人清楚生命階段的醫者，無意間坐在了神的位子上，誤認自己具有操控生死的能力，那麼心裡的壓力和重擔，真的會讓自己難以喘息；尤其面對的是自己用情也深的動物朋友時，心裡的挫折感和失落，更是無以名狀。

　　被醫生告知病情的照顧者，又何嘗不是這樣的心境？多希望鎖著眉頭看數據的醫生，抬起頭來時能堆起笑容，宣布病況改善，或至少，不要是太壞的消息；就算感覺毛孩體態和活力日漸衰弱，或親眼看著病灶一天天在惡化，都還是好希望從醫生口中說出的，不是什麼可怕的消息，或至少，能聽到有治療的可能。就算心裡有數，仍然懷抱著一絲希望，希望壞事不要發生在我家寶貝身上，希望老天再多給一些時間。

理智和期待，就這樣在內心膠著、對抗著。我自己當過那個告知病情的醫者，自然見過飼主聽聞病情時的百態：有的人很冷靜，尤其是男人，會依著醫生看病的節奏，有條理的詢問接下來的發展和因應措施；有的人眼眶紅了，在診間數度流下淚來，但仍努力保持理智，聽著醫囑的交代；有的人則是驚訝得失了神，呈現恍惚的狀態。

唯一的共通點，是所有的人（也許也包括醫生），都沉浸在濃濃的哀傷中，彷彿診間瞬間烏雲籠罩，無情的黑暗阻斷所有光線，空氣彷彿凝結，絕望和恐懼就這樣悄悄瀰漫在空氣中。

某些來做末期寵物心情安寧諮詢的照顧者，是這樣形容被告知病情的心情：「當我聽到醫生說出『癌末』兩個字，就好像五雷轟頂一樣，腦袋一片空白，醫生後來說什麼，我全都聽不到了。回到家，持續恍神了好幾天，看著我的寶貝現在還能走、還會回應我，我感覺醫生是不是判斷錯誤了、還是我聽錯了。好希望那天在醫院只是一場夢，到現在我都還覺得難以置信。」

事實上，我自己也曾親身經歷過這樣的過程。八年前，當我得知我的貓咪咪罹患腫瘤，那是在一通電話裡，當時我人正在美國北卡羅萊納州立大學的動物教學醫院進修，人在外地完全使不上力。確診的同時，也確定腫瘤細胞已經轉移到肺，這意味著咪咪的病程已是末期，要痊癒是不可能的，基本上就是看我來不來得及回國，見上牠最後一面。

接到電話那天，我正在小動物內科見習，電話一掛掉整個人就像失了魂一樣，哭到不能自已，後來幾天我都儘量待在學校待到越晚越好，流連

在急診部、在辦公室閱讀報告、或是在街上遊蕩，總之我就是沒辦法回到宿舍裡，因為只要一安靜下來，我就沒辦法不想到我的貓正在受苦，而我卻不能幫牠什麼，甚至連陪在牠身邊都沒辦法，當時的我真的很痛苦、很沮喪。

的確，如果我們自己都覺得難以接受、難以消化隨之而來的低落和難過，自然不會想讓心愛的寵物跟我們一樣，面對這樣的打擊和憂鬱。畢竟，我們賦予自己的使命，是讓牠們天天都開心，不要有煩惱、不要有負擔、不需要多想什麼，就這樣快快樂樂直到最後一天，就這樣就好。不需要跟我們一樣，去經歷心情的挫折和失落。

我可以體會這樣的心態，是出於對寶貝寵物的保護：一肩承擔讓牠此生快樂的責任，尤其在生命末期這個階段，因為沒剩多少時間了，更要加緊腳步讓牠開心；所以，更不容許任何人事在這時去打擊牠，讓牠知道自己的生命在倒數，讓牠知道實情，簡直像在扼殺牠對生命的盼望。

然而，有一件事是可以確定的：若我們自己都難以面對，又怎麼能想像我們天真又弱小的寶貝寵物，有能力承受這件讓人震驚又殘酷的事實？透過隱瞞實情，也許我們想對寵物表達的是——這些苦我來擔，你就放心的生活，什麼都不要擔心。（然而，如果你有閱讀1-1《生命面前的大無

畏者》，就會知道，動物的生命觀並不如我們想像中的脆弱無助。）

只是，寵物真的有可能什麼都不知道嗎？

身為生病的當事人，身體感受變得不同，也參與了多次的就診經歷、接受各式各樣的治療；日日夜夜待在我們身邊，靜靜收聽我們腦中出現的所有思緒，明顯感受出我們變得焦慮、有心事；或者，看過我們壓抑著情緒不讓眼淚掉下來、目睹過我們的潰堤，牠們——被我們認為一無所知的寵物們——真的有可能察覺不到異狀嗎？

有寵物曾經這樣說過：「媽媽最近不曉得怎麼了？變得特別溫柔、對我也比較有耐性，我覺得她怪怪的，每次她這樣，就表示有事發生，她是不是隱瞞我什麼？」寵物跟我們朝夕相處，當我們的行為舉止有變化，敏感的牠們必定感覺得出來；或許我們以為自己能藏得很好，但是隱隱約約的詭譎氛圍，對於時刻關注我們、焦點重心都在我們身上的寵物而言，又怎麼可能無知無覺？

我們認定了寵物「不知道」才有機會快樂到死亡，所以我們絕口不提，或也真沒想過特別要讓牠明白自己步向生命終點；然而，關心我們的寵物，其實都在默默等待一個時機，等我們把自己整理好，來跟上牠生命的步伐，即使未來的日子充滿變數，牠也想確保你會好好的。

寵物是這樣在守護著我們的，無論牠處在生命中的哪個階段，這份心意始終如一。

　　你們是如此呵護著彼此，都用自己認為好的方式，無聲訴說著對彼此的愛。我常在想，如果我們每一個人都聽得到寵物說話，牠們是否會主動打破沉默、直接表達對我們的心意？還是牠們會配合我們演這齣戲，一齣大家都心知肚明但又假裝沒這回事的戲。

　　我過去在臨床當獸醫時有一個信念，就是認為寵物「活著就要開心與玩耍，直到最後一刻」，並根據這個信念衍生出一種做法：當我已經預估患者沒辦法再「開心玩」了，就應該要搶在那個時刻來臨前，及早把牠安樂死掉，以確保牠從頭到尾都是開心快樂的。確實，如果寵物的感知感覺是在斷氣那一剎那就此結束，這樣做的確是個完美句點。

　　然而，事實與我過去認知的不太一樣。

身體的氣息會停止，
但靈魂的意識仍然繼續

　　死亡僅僅意味著身體的停止，當生理性的呼吸心跳停下來，靈魂褪去了肉體的束縛，就好像脫掉一件外套，但外套的主人還在，是同一個意識，情感也仍繼續在進行中，沒有中斷，也不會停止。脫掉了身體外衣的牠們，接下來面對的，是一段個人旅程，是要靠牠們自己走的獨行路。

　　寵物進入我們的生命裡，成為孩子、夥伴、最親密的朋友，是我們與寵物各自的靈魂，在自己的學習道途上最美的交集。透過相遇、相處的過程，從中累積了經驗、增長了智慧，也貢獻給對方有所學習跟收穫，這是靈魂與靈魂交會要完成的使命。當階段性任務完成，隨著生命的繼續開展，兩條交會的道途自然會再分開。

　　我們和寵物（或者說所有的生命）的靈魂，就如同背包客，各自在經歷自己的生命探索之旅；我們與寵物的相遇，可看作是同搭一班高鐵的兩個旅客，過程中陪伴了彼此，一起經歷了美麗的風景，一起有所觸動，建立了深刻的情誼，也共同享有刻骨銘心的感受和回憶。

　　當寵物該下車的站到了，我們會想用什麼姿態來應對呢？有時搭高鐵，跟同行的朋友聊得太高興會忽略列車行進的站點；有時對方講話正在興頭上，我會不好意思打斷……總之，每當我被警示音驚醒，抬起頭來才發現列車早已抵達月台，而且門即將關閉時，往往很難好好跟對方道別，只能草率結束話題、匆促倉皇的閃出車門。當車門閉緊、列車呼嘯而去的同時，只徒留車上傻眼的朋友，和月台上狼狽的我，後悔著來不及抱

抱他、好好與他珍重再見。

　　通常，寵物會是那個先到站的旅客，而我們，則是留在車上繼續搭乘的人。要怎麼做，可以讓寶貝寵物下車時是從容、不帶遺憾的呢？如果我們能事先提醒，讓牠知道車站快到了，是不是就能善用「還有的時間」，好好將話題收尾，幫牠把行李整備好、抱抱牠、也讓牠有機會給我們抱抱，再送牠到車門口，告訴牠我們會把自己照顧好，不需要擔心，叮嚀牠路上注意安全；在門打開前，還能彼此依偎一段時間，而在列車駛離月台時，雖會不捨，但會在門的這邊揮著手，讓牠放心，也讓牠能夠充滿勇氣，背著滿載祝福的小背包，踏上下一段旅程。

　　身為飼主的我們，賦予自己的使命，是確保寵物跟我們在一起時能夠開心；那麼，我們是否能再為牠們多做一些，使得快樂不僅是待在我們

身邊才能享有，也讓牠們在月台上、展開下一段靈魂之旅時，體驗到的是這段關係的圓滿，並感覺幸福和滿足呢？

在我的溝通經驗裡，若是寵物曉得自己的生命階段，並且在往生前知道飼主會與自己一同在心態上準備，那麼當道別那一刻真正來臨時，牠們能夠走得很好；而我們，也較能好好梳理自己的悲傷，讓愛我們的寵物能真正放心（若是孩子感覺到我們很崩潰，牠們多半會很內疚、心有罣礙），好好去走接下來的道路，轉化的歷程也會比較順利，這一整個過程，就是所謂的善終及善終準備。而善終，也許是身為照顧者、家長、夥伴，最能代表心意的愛的禮物，也是所能給予的最大祝福。

我遇過一些個案，是離世的孩子在生前未被告知病情，沒有好好道別，也不清楚自己的狀態跟去向，以至於死後（無論是安樂死或自然死），心裡不是很平靜。

說再見的機會，
在聲聲加油中錯過

個案 2. 白白

白白（化名）當時的情形就是如此。白白是一隻很漂亮的波斯貓，牠在幼年的時候就被診斷出雙側的多囊腎，一直以來靠著飲食控制，定期追蹤血檢指數都維持得不錯，每天都還是活蹦亂跳、過得很開心。然而，就在牠十歲那年的某一天，因為食慾不振又一直吐，被緊急送進醫院裡，從此就再也沒出來了。診斷是慢性腎衰竭下的急性尿毒症，立即安排腹膜透析，並辦理住院進行一系列的醫療處置，等待治療後有無好轉的跡象；然而事與願違，情況並未因此轉好，雪上加霜的是，後來又併發了

胰臟炎，白白原本就衰弱的生命跡象每況愈下。

　　白白的飼主回顧說，他雖看得出白白住院時非常緊迫，醫生也已經數度發出病危通知，但他心裡就是很難接受只有十歲的白白就要走到終點：「牠才十歲，一般貓不是都可以活到十幾快二十歲嗎？我不甘心。」照顧者非常愛白白，在住院期間每天下班就去醫院陪牠，都待到醫院要打烊才離去，這一陪就是好幾個禮拜，沒有一天缺席。

　　只是，當身體機能整體衰退，再多先進治療也無法把生命力再推回大勢已去的身體裡。腎衰竭、胰臟炎、隨後出現的多重器官衰竭，一直在揭示著白白的生命正一步步走向終點。然而，照顧者卻不准醫生在牠面前討論病情，總要關上住院部的門在外面講；面對白白時，也僅是重複著：「你要加油，你會好起來，不可以放棄，我會陪你一起努力。」

白白最後就在加油聲中，獨自一人在醫院嚥下了最後一口氣。

可想而知，我並非是在末期心情安寧的諮詢上見到白白的照顧者，而是在白白過世後，飼主想要來進行離世溝通。已經往生的牠，雖然褪去了身體的病痛，但感覺得出心裡很多憂傷。**牠說：「看著現在的哥哥每天難過、難以入眠，我很內疚，覺得很對不起他，我知道他希望我好起來，但是我沒做到，沒能達到他對我的希望。當我意識到身體硬生生就把我給推了出去，那當下我很驚慌，連掙扎的餘地都沒有，我甚至連跟哥哥說再見的機會都沒有。說好他下班要再來看我的，怎麼會這樣……」。「原來身體不痛了，心還會痛。」白白說。**

肩負讓牠們幸福的使命，
我們要看得更長遠

當未來的分離已是既定事實，雖然會難過、不捨，但我們要承擔起照顧自己的角色，照顧好自己的情緒，專注於用心去支持牠的心，在接下來的日子裡好好與牠同在，讓牠能從容面對隨之而來的改變。

事先讓寵物知道自己的身體狀態不是一件壞事，有時候最困難的，反而是我們自己無法接受這件事。只是，寵物又有多少時間能夠等待？當列車轟隆隆的即將到站，我們會選擇以什麼姿態來面對？我們會想留給寶貝什麼樣的自己，避免讓自己和牠留下遺憾？

其實很多人也都知道這個概念，只是不禁擔心：會不會不講都沒事，一講反而讓牠大受打擊，從此一蹶不振、甚至放棄求生意志？其實，動物

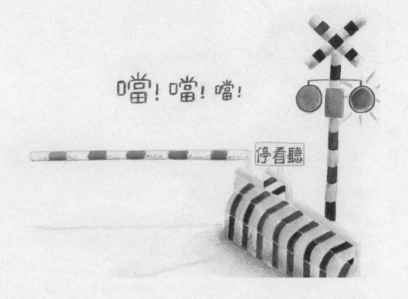

嚷！嚷！嚷！

停看聽

沒有我們想像得那麼脆弱，「我還有一口氣在，我就會好好活著」這是大部分寵物面對生命的態度，生命過程中會經歷到的生老病死，牠們其實是中性面對、坦然接受的，跟人類相比，可能更加無畏。

正是因為信任生命的流動，牠們無所抗拒，就鮮少會感到絕望、喪失求生意志；除非，我們將自己對死亡的恐懼、對失去的不安投射在寵物身上。人類若是對生命的階段轉換感到焦慮，就很容易將自己的害怕和驚慌轉嫁給寵物，蓋過牠們原有的本能，讓牠們從無畏變無助。但是，即使我們否認死亡越來越近的事實，仍無法阻止生命列車的運行速度。

意識到將來會分離，必定會感覺不捨和難過，那是我們真情流露的表現，是愛的證明。不該透過打擊死亡、要寵物戰勝死亡去消弭自己的不捨跟難過，反而要承認、接受自己有這些感受，並陪伴、照顧好有這樣

感受的自己一會兒，再帶著安穩的自己回到寵物身邊。寵物在這個階段真正需要的是你的安定，這會為牠帶來如港灣般的安全感和保護，這是我們能為寶貝做的。不容易，但是值得嘗試。

給自己時間，為道別做準備

知道自己處於生命末期，寵物當然也有可能跟我們一樣，會感覺不捨跟難過，但是，適時的病情告知能讓彼此都有機會調整焦點，在有限的時間內做重要的事，把重心放在有品質的相處，讓情緒獲得緩衝，去適應這些複雜的感受，讓生命能量流動。

高鐵要進站前會有廣播提示，當我們聽到提示時，並不會就驟然縱身跳出車外；同理，當我們讓寵物曉得自己的生命來到末期，並不會加速牠

們提早離開，反之，這麼做能夠為彼此爭取有利的時間，讓牠能夠在有準備的情況下從容以對，遠遠好過迫使牠倉皇被扯下車的窘境，以及隨之而來的茫然和愧疚，和來不及說再見的遺憾。

當然，我們並不需要天天都跟寵物強調牠即將往生，尤其是當身體還有一些餘裕時，這樣陳述確實有些突兀；但是，起碼要讓牠曉得自己的身體走到末期，也讓牠清楚我們（照顧者）是在狀況內，讓牠知道在生命列車到站前，我們會把握還有的時間好好面對、好好與牠同在，以此協助在牠往生當下，彼此都不害怕、不恐懼、不疑惑。這是陪伴末期寵物時，讓雙方都有機會安心、放心的第一步。

內心的穩定，始於清楚明瞭未來會走上哪種道路。當寵物這個背包客，要再踏上下一段沒有旅行社包辦的探索之旅時，我們這個旅伴，能夠跟上生命列車的速度，與牠一起事先準備嗎？

「你要多吃才有體力！」
照顧寵物的心理需求，跟吃多少一樣重要

除了灌食，我們還有很多事能做，讓牠的身體舒適一點、心情放鬆一些，都是末期陪伴的重點。關注生理身體之餘，更需要關照心理需求，把握還有的時間，留在有意義的陪伴上。

吃，在我們的觀念裡，無論有意識或無意識，都被認為是生命的泉源，
能為治療奠定基礎，也是跟寵物們的相處時光中，或多或少的快樂來源。

好胃口的寵物，總是追著我們跑，當我們走進廚房、發出窸窸窣窣鏗鏗鏘鏘備
飯的聲音時，牠們總是立刻精神百倍，靴貓般的眼神閃耀著期待的光芒，
讓我們感覺手上那碗飯、那片零食特別有價值。牠們吃得津津有味的模
樣，帶給我們欣慰還有安全感。

餵食，是我們表達愛的方式

食物在我們跟寵物相處的歲月裡，扮演非常重要的角色。

雖然有時會碎唸說：「上班那麼累，薪水都拿去買牠的東西了！」、
「都要被牠吃垮了！」但我們總是邊微笑邊說，每當看到網店或商家有
新產品時，無論是鮮食食材、健康罐頭、新品飼料、自家烘焙無添加的
零食，又會情不自禁掏出錢來，心裡想的只有毛孩子眉開眼笑的畫面；
甚至走在路上遇到浪浪，即使素未謀面，也會想走進便利商店買個罐頭
或夾出便當裡的幾塊肉，讓牠至少這餐不要餓著。

一直以來，餵食是我們表達愛的方式，對心愛
的寵物、對關懷的動物，我們都是透過餵食，表
達著自己不可言喻的愛。

當寵物得到慢性病時，我們從外界吸收的資
訊，最多是醫療處置和居家照護方面，我們聽到

獸醫吩咐每天要吃多少大卡（相當於多少克的飼料或多少罐雞肉泥）、每天要喝到幾 cc 的水（不足的要用打皮下方式補足）；我們向熱心的狗友貓友詢問過來人的經驗，想知道食物怎麼料理、哪個牌子比較好吃、什麼角度比較好灌食、怎麼打皮下寵物不會抓狂；我們上網搜尋哪種營養品最好，無論價格都用最快速度買回來，只為了讓牠有足夠的營養和體力對抗疾病……

然而，當生命越靠近尾聲，生理感覺和對營養的需求和吸收效能，是急劇變化的。

在我的溝通生涯裡，溝通對象常是胃口和活力漸失的高齡寵物，長期與心臟病、腎衰竭、腫瘤等看得到終點的慢性病共存，甚至是醫師已明確表達「要有心理準備」、「現在想吃什麼就讓牠吃什麼」的末期病患，我聽到照顧者們最常提出的溝通事項仍是：「你可以叫牠多吃一點嗎？」、「要吃才有體力啊！」

我完全能體會照顧者們的心境。

八年前，我的貓咪咪確診罹患腫瘤，且已轉移到肺部多處，那是我人生最黑暗的一段日子。當時我為了讓牠吃飯出盡奇招，無奈事與願違，最後，我只能採取灌食的手段，這讓我們彼此都受盡折磨，虛弱的咪咪用盡身上僅存的一絲氣力，奮力抵抗、頑強不肯就範。

看著氣憤到上氣不接下氣的牠，身為一個獸醫師、一個照顧者、一個媽，我感到極度挫折，霎時一個疑問閃過我的腦海──在那麼一刻，我

無法自拔的懷疑，究竟讓牠感到壓迫與折磨的，是疾病，還是我這個媽？面對心裡不同的聲音、錯綜複雜的感受，我沒有答案，我只知道我很無助。

強烈的挫折感，讓我的理智線幾乎快要斷掉，再加上腦海中跳針般播放「每日進食／水量標準」，迫使我將所有的焦點全放在寵物今天有沒有吃、吃多少、有沒有足量上面。我很擔心因為吃得不夠營養不足、擔心後續可能會產生的惡病質和其他併發症，害怕我沒把牠照顧好，更害怕咪咪會因此提早被死神帶走，沒辦法再陪我更久一些。

從前，我覺得「吃」是唯一讓牠快樂的方式（牠不怎麼愛玩，吃飽睡、睡飽吃似乎是牠的貓生志業），但現在牠吃不進去了，突然間我不曉得還能怎麼讓牠開心；甚至，這個作為過去「開心來源」的吃，如今儼然成為我們彼此的夢魘。挫折、沮喪，加上不易察覺的恐慌、罪惡感和愧

疚感，像是一團濃霧籠罩著我和心愛的咪咪，在看不見前方的焦躁不安裡，我唯一能做的，就是叫牠加油，並握緊手上的灌食器，更用力要牠配合吃飯。

我是如此急切的想要對抗死亡、慌張的想要迴避自己無能為力的感覺，以至於我與咪咪的身體作戰，陪葬的卻是牠的心情、感受。在已然倒數的日子裡，我大把揮霍著珍

貴的時光，耗費在跟牠纏鬥和我自己的崩潰裡，卻流失掉屬於我們的相處品質。當時的我並不曉得，其實，能做的事還有很多。

寵物來到生命末期，生理功能和心理需求（我簡稱為「生理身體」與「心理身體」），會跟正常的時候產生很大的不同。

末期至臨終的寵物，生理身體的諸多功能是逐漸在關閉的，就像我們要離開家外出之前，會一一把冷氣、電風扇、電燈關掉一樣；同理，末期寵物體內的消化吸收能力、體液的循環、臟器的功能都會逐漸關閉，所以我們會觀察到牠們對治療的反應越來越不好、檢查的數值越來越差、外在表現越發虛弱無力，這都意味著生理身體內部的功能逐漸關閉中。

但同時，牠們的心理身體卻越發活躍，明白自己開始步上下一段旅程的起始，牠們會更關注照顧者，期待我們每一次陪伴在身邊時能夠有情感的交流，期待感受到手心傳達的溫度和柔軟，期待聽我們述說著關於

牠和我們之間的美好過往、牠存在的意義和價值，期待聽到看到我們能照顧好自己；牠們也會想要謝謝我們、想要表達對我們的愛，想要我們好好的。這些都是牠們在臨終前的心理需求。

稱為「心理身體」，是因為我們（包括我自己）往往只關注有形的身體，卻忽略了無形的心理；然而，心理狀態關乎到牠們嚥下最後一口氣時，心中是否安心、平靜、不害怕，心理身體也是往生後唯一能帶走的。

因此，在末期界至臨終的階段，我們能夠、也最需要「餵飽」的，是牠們的心；而我們每次與牠們的共在、陪伴、心的交流，即是這個心理身體最佳的精神食糧，也是最需要為牠們打包、讓牠們能帶著上路的東西。

為心愛的寵物
打包心靈糧食

在人的領域裡，對於「末期病人」有著明確的定義，根據台灣《安寧緩和醫療條例》，是指「罹患嚴重傷病，經醫師診斷認為不可治癒，且有醫學上之證據，近期內病程進行至死亡已不可避免者。」而我們的健保體系，則明確定義安寧緩和醫療適用的給付對象，除了癌症末期病患，八大非癌疾病：包括心臟衰竭、慢性呼吸道阻塞、肺病（休息狀態下也很喘）、慢

性肝病肝硬化、急性腎衰竭、慢性腎衰竭，老年期及初老期器質性精神病態（失智）、其他大腦病變及末期漸凍人。

換句話說，如果一個人罹患上述的疾病，並且也確認近期內會步向死亡，當事人在法律上即享有國家的保障，可以享有安寧緩和醫療照護的權利，避免過度的、不適用的醫療行為，給當事人的臨終階段帶來額外且不必要的痛苦。

我寫本書的目的，並無意置喙當前獸醫醫療的現況。誠如我所知，越來越多獸醫已將緩和醫療的概念納入治療計畫中，並陪伴照顧者走完全程。我主要是想要藉由安寧的思路，讓身為照顧者的我們，反思面對末期生命的認知，唯有當我們能直視死亡，並對末期的發展和可採取的措施清楚明確時，我們才可能像寵物一樣無畏無懼，好好陪牠走完生命最後一哩路。

對照上述的「末期」疾病種類，台灣寵物目前常見的疾病類型有頗高的相似度，同理，患病寵物病情的發展和最終的結果也相當類似。因此，當獸醫師確診之後，無論只是初期或剛發病，我們對於病況發展的最終章，就要在心裡有個底，而此時，就是心情安寧導入的最佳時機。

沒錯，心情安寧概念導入的時機，是確診後即開始，並非拖到最後只剩垂危的一口氣才進行。

根據 WHO 在 1990 年對安寧緩和醫療的定義：「對於不可治癒病人提供全面性的照顧，包括疼痛控制、心理、社會及靈性需求。緩和醫療的目的在於提升病患及家屬的生活品質。」換句話說，安寧緩和醫療的概念，導入與治癒性治療是同時進行的，只是視病情階段會有不同的比重。前期的照護比重，或許身體需求會比心理性的支持來得多些，而隨著病況的發展，病人及家屬心理的需求和照護，也就是所謂的死亡準備，則會顯著增加。

如此，心情支持及早介入，才能使病人的身心靈安穩、家屬的情緒和悲傷能緩緩被接住，生死兩相安的善終才有可能發生。

安樂死這個手法一定保證善終嗎？這個議題留待 1-8「你想要安樂死或自然死？」；
關於死亡，難以開口的詢問討論，請參 P.137

寵物也是一樣的。當不可治癒的疾病確診後，照顧者需要正視時間有限的事實，更需要著重於關照寵物的心理需求，目的是把握還有的時間，為彼此創造該有的相處品質，也為著牠們將來的善終做準備、打基礎。這是我們還能為牠們做的，一件有意義、極重要的事。

在我們獸醫的領域，光是一個物種的寵物又分成諸多不同品種，隨著體型、飲食、照顧環境的差異，平均壽命的變異也大有不同，加上能收集的大數據畢竟不像人醫體系那麼龐大，對於「末期」的概念，有時候也不一定能像人醫般明顯界定（不過話說回來，即便在人醫界，全球的

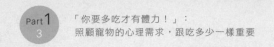
安寧概念都仍是極待推廣的觀念，就更遑論在寵物界的運用了）。

有些獸醫師會用數字跟照顧者溝通，例如「以牠的病況，根據數據統計平均壽命是 3 ～ 6 個月」，有些則是用比較口語的方式告知照顧者，像是「你要有心理準備了」、「牠現在想吃什麼就讓牠吃吧！開心最重要」，甚至是在言談中談到安寧、安樂死這些字眼，這些無非都是在提醒照顧者，要開始更全面性的關照寵物，除了吃這件事以外，還需要給予更高比例的心理（也就是情緒）支持。

關於醫療計畫、灌食的量和必要性，這牽涉到每一個獸醫師對疾病的處置，多少會有不同，因此這部分還是需要回歸跟主治醫師討論。但我想表達的是，無論結論為何，寵物的心理和情緒照護必然要開始著手；也因此，包括居家照顧的手法、我們自己的情緒穩定、牠這輩子的生命回顧、意義及價值，就顯得格外重要。

多花些時間，在有意義的陪伴上

回到照顧咪咪的經歷，我當時多想表達對牠的關心和在乎，很可惜那個時候的我只曉得要專注在身體層面，忘記牠還有心理的需求：牠需要溫柔的被對待，身體的不舒服需要被體諒，牠需要我回歸到媽媽的角色，讓牠的心有地方可以依靠，牠需要我坐在牠身邊，陪牠一起面對接下來的生命道路。

這是我日後非常遺憾的一段回憶，若時間倒轉，我會少花一點時間在跟牠拼命，多花些時間在有意義的陪伴；不過，也正是因為這些無法改

變的遺憾，才讓我起了念頭，進行跨領域的多方學習，並專注在末期寵物的全人照顧。

一路走來太過沉重，我衷心期盼正在閱讀此書的你，不要走上我走過的崎嶇之路，也希望我在安寧領域的學習和自我整理，能夠為正在陪伴末期寵物的你，帶來一些參考。

請停下來，花一些時間思考：當我們急切的要孩子吃下去、或每每為著醫療行為拼到你死我活時，真正能帶來的意義是什麼？在看得到盡頭的相處時間裡，出於愛，我們能為牠打包的心理食糧又是什麼？

善終需要準備，生命的長度非我們能左右，心情品質卻能掌握，這也是在此階段最能使上力、也最重要的部分。身的部分交給醫師，心的部分由身為照顧者的我們全權負責。我們要成為（或學習成為）孩子的心的避風港，這也可能是寵物此生出現在我們生命中帶來的課題。

當牠的身心皆經歷波濤洶湧的動盪時，請成為一個可靠的肩膀，陪伴牠穩穩擺渡到新的港口。

聽寵物怎麼說！ 別讓我們都崩潰了

先想一想我們自己胃口的變化。

便秘兩三天，又一整天坐辦公室，自然食量會變小；腸胃炎時，吃了就瀉肚子，人軟趴趴的、肛門還一直很不舒服，肚子也悶悶脹脹的，不太會想吃；吐過之後，自口腔至鼻孔瀰漫著酸敗的氣味，看或聞到食物都沒食慾了，食物暫時沒了吸引力。疼痛時，如生理痛、偏頭痛，都不太會有食慾；懷孕時因為賀爾蒙極度變化，食慾和胃口反覆，沒有標準可循；或是當我們思念一個人、工作不順，心情盪到谷底，食不下嚥或暴飲暴食的感覺，一定很多人都有過。這都說明了情緒會影響食慾。

我們對食物的感受和需求，是結合身體各種感官、心理情緒、念頭與記憶的總和；但我們在看待末期寵物進食時，尤其是當牠們生病、食慾下降的時候，我們對吃的概念——正確來說，是我們認為寵物對食物的需要——瞬間簡化成一種機械性的流程：食物到臉前、放進嘴巴、進到消化道、消化吸收變成營養。無論如何，只要讓食物進到牠的食道，這樣就萬事 ok 了。

但是，我們很容易忘記，牠們跟我們一樣，對食物的感覺和需求，都是受到諸多因素的共同影響。身體還算健康時，種種因素就有可能體現在表現上；而當寵物患有嚴重疾病，一來身體不舒服，二來也承受著藥物治療（如化療）帶來的肝、腎損傷，使得

整體生理呈現混亂，這會讓牠們的感官覺受、身體感覺與健康時大為不同，例如：甜的變苦的、食物味引發噁心想吐的感覺，這在化療病人身上也時有所聞。

而當生命走到末期時，各器官的各種功能一一在關閉，造就生理的混亂，腸胃蠕動變慢、消化吸收能力漸走下坡、排便也因諸多因素不順利，這更使得牠們的整體感覺跟以前不再一樣。這些都是非當事人的我們無法體會的。

然而，常常此時的牠們面對的，是被迫接受碗一直頂到自己臉前、牙關咬緊但還是被強迫張開嘴、管子硬要伸入口中，還有媽媽崩潰的情緒洶湧而至，爸爸緊抓住自己的頭和口腔、掙脫不開。「我也很崩潰，可是怎麼都沒人看見？」這是我最常聽到寵物無聲的表達。

若是被要求跟末期寵物談吃飯這件事，我習慣先跟照顧者聊聊寵物那陣子的身體表現，然後再跟寵物談牠的生理感覺和心情，客觀現象跟主觀感受一起評估，較能看到整體的全貌。這樣不僅能讓照顧者了解寵物當下的身心處境，也才能協助照顧者知道該如何整體性的因應，而不是一味要寵物打開嘴巴吞下去。

從容迎接
說再見的那一天

個案 3. Lulu

　　Lulu 是一隻年齡不詳的老奶奶狗，原本在台中街頭過著餐風露宿的浪犬生活。因為環境條件不佳，導致皮膚狀態不好，外表被毛看起來坑坑洞洞、好似傷疤很多，幸運的牠遇到了好心人，在 2016 年被接至高雄，來到對動物始終友善的灰灰基地加以照顧。

　　脂漏性皮膚炎的問題，在照顧員的悉心照料下漸漸好轉；然而，經過全身健康檢查後，卻揭露出體內有著更嚴重的問題──腫瘤。灰灰基地只希望讓 Lulu 的餘生能夠開心、快樂，於是一方面透過醫療控制腫瘤的發展，一方面讓 Lulu 安頓下來，在這邊頤養天年。

　　半年後，Lulu 又出現了新的症狀，走路歪斜、歪頭、嘔吐，種種不舒服的表現讓照顧者很是心疼。在獸醫的診治下，懷疑腫瘤已悄悄轉移至腦部，採用安寧照護的方式陪伴牠，是大家的默契，只希望牠接下來的每一天，都能在所有人的愛中，感覺快樂、滿足。本以為當時的 Lulu 已經是油盡燈枯，靠近生命的終點，不料生命力強健的牠，在夥伴們的悉心照養下，又活了回來。我想，這是大部分照顧者在照顧末期寵物時都會面臨的處境，只要懷抱希望、不放棄，似乎就可能再翻轉命運的輪盤。

　　就這樣又過了一年。只不過這一年中，Lulu的身體繼續明顯退化，腫瘤的惡化與擴散，使得後來的牠連要站立都顯得困難，大部分的時間都是輕癱著，整體狀態也更加虛弱了。當協會跟我聯絡時，Lulu 對於灌食已出現嚴重的排斥（回推去看，當時的拒食應該已是瀕死徵兆的呈現。瀕

死徵兆請見1-8，P.145）。即使受到無微不至的照顧，腫瘤細胞的擴散、身體各系統的衰敗，都讓生理機能每況愈下。

明白治癒已無可能，照顧者最在意的，是最後時刻能否讓 Lulu 身體放鬆、心情安定，因此預約了靈氣（Reiki）療癒。

為了讓靈氣能夠切中 Lulu 的需求，也為了協助照顧者清楚 Lulu 的感受，我特別在開始施作之前，問了牠的身體感覺。

Lulu：「覺得很睏、很累、爬不起來，好像被千斤重的重物壓著，身體好像慢速進行中。不會害怕，但不太知道該怎麼辦，也不用想控制身體了，因為已經停止運作了。以前可以做到的事，像是散步、唱歌、陪伴，現在辦不到了。」
牠接著說：「不是很清楚接下來會面對什麼，就是且走且看，在等待一個時機脫離這身混沌。等待的過程沒有太多痛苦，總是睡睡醒醒的。」

對話的當下，我感到一陣噁心想吐，我與 Lulu 確認，想知道這是否為牠當下的身體感覺。

Lulu 回答：「我的肚子硬得跟石頭一樣，都滿了，被灌食的感覺就是溢出來了，不好的氣味還會一直衝上來，很噁心。這種噁心的感覺，會持續一整天，很折騰。」

Lulu 的回答不是單一個案。當身體功能一道一道關閉時，對食物的感覺和需求，會和健康時非常不一樣。

　　我知道灌食是出於怕 Lulu 營養不夠，也或許是執行醫囑，不過在這樣的狀況下，除了灌食，還有其他事能做，協助牠的身體舒適一點、心情放鬆一些。於是我問：「夥伴們都很關心你，他們會盡最大的努力讓你舒服些，有沒有什麼想要、或是不想要的？」

Lulu說：「我想在外面待一會兒，雖然行動困難，但新鮮空氣能讓我心情平靜；我想要她們輕輕摸摸我，這能讓我僵硬的軀殼放鬆一些。我現在正專心等一個時機（脫離這身混沌），餵食或叫我加油都會讓我分心。」

　　我傳達這個行為背後的關心和愛，向牠解釋到：「大家都很愛你，他們表現愛的方式是照顧好你的肉體，他們也很捨不得失去你。」

牠說：「一頓飯，比不上摸摸來得讓人放鬆。大家一直把我掛在心上，我都知道，我很感動。」

牠接著要我向夥伴們轉達：「謝謝你們對我的好，你們對我的每一個付出，我都銘記在心。生命不長不短，現在這樣剛剛好。我還是同樣的我，同樣的忠誠，總是期待你們的呼喚、笑容和互動，我在這邊看著人事物的流轉，我知道有一天這樣的守候會結束，但我的位子不會被取代，我知道，我會在你們的心裡、話語中、記憶裡。每一天，我都努力把你們的模樣裝進腦袋裡，這樣當你們不在身邊時，我就可以重播來看；這樣做的話，即使你們暫時走開，我也不害怕，我很滿足了。」

隨後，我向照顧者解釋，此刻 Lulu 最需要的，跟過去不同了，牠需要的不是餵養身體的食物，而是心靈的食糧，也說明了瀕死徵兆出現時的應對方式。照顧者很理解 Lulu 目前的處境，即刻調整照護的策略，開始進行居家對話，在牠上路前為牠打包愛的心靈糧食。

我很慶幸當天及時傳達了實情，讓照顧者在 Lulu 生前能有更多時間進行心靈層面的交流，來得及回顧，以及道愛、道謝、道別。

五天之後，我收到訊息，Lulu 已經安詳離世，當小天使去了。

這段由身轉心的過程，決定了孩子離世時是否能心境安詳，也使得道別的過程不至於讓人措手不及，還關係到我們日後能免於陷入「早知道我就不要……」的後悔、遺憾中。

透過互動模式的調整和關照寵物的心理需求，為孩子在踏上靈魂的下一個階段前，帶上飽滿的愛和祝福，讓說再見的那一刻，達到生死兩相安的圓滿善終。灰灰基地的夥伴們陪伴 Lulu 漂亮走完一生，並把握住時間為彼此做準備，從容迎接說再見的那一刻。

我始終相信，善終不只來自外在的形式，更出於內心的接納所帶來的寧靜與安穩。為了善終所做的準備，是我們能帶給心愛的寵物，於此生及來生，都最為受用的大禮。

此生，我最在意是你；
離開前，最在意的也是你

陪伴末期寵物時，我們很容易陷入自己對生命長度的執著，而遺漏了當事人也有牠自己的心情。若說到牠們生前最在意什麼，無庸置疑的，是牠所愛的家人。

在我們的文化裡，死亡意味著結束，因此，沒有人喜歡談論這個話題，大多數人會刻意迴避這樣的討論，更少人會意識到需要為死亡做準備。然而，為死亡所做的準備，並非關於「提早放棄」，而是當心態調整對了，才能真正在牠還在世時，用牠真正喜歡的方式對待牠，讓彼此在珍貴的相處時間裡，都能「好好活著」。

我們的教育鮮少教導生命的全觀，尤其當西風東漸，死亡被排除在「正常生命現象」之外，我們對死亡很陌生，以至於把它當作敵人在對抗，用盡全力想擊敗這個自然現象。只是，當我們拒絕接受生命會有完美謝幕的一天，始終把焦點放在「對抗」上，往往陷自己於更多的失望，造成日後經驗到更多倉皇、慌亂，也硬生生扼殺了你與牠寶貴的相處品質。

我身邊有些飼主朋友，非常愛自己的寵物，當牠們的寵物年紀漸長，雖然仍然健康漂亮、吃好睡好，但這些人卻越發焦慮，我問是什麼原因讓他們心神不寧？他們總會說：「一想到牠年老就有可能患病，網路上看見好多寵物年紀大就得了腎臟病、心臟病、腫瘤，讓我覺得好恐慌，只要牠一有什麼變化，就擔心得連覺都睡不好。」

每每聽到這邊，就不由得為照顧者和寵物感到可惜。牠還在你面前呢！殷殷期盼的眼神還閃閃發光著，但照顧者的心思已經飛到未來，在未來預設的情境裡不安著，心已經從此刻仍安好的寵物身上遠離了。但是，我們能給的幸福感，不是只能透過這個當下的互動嗎？特別是當寵物的病情已至末期，如果我們無法安頓自己，又如何在寵物還有一口氣在的時候，帶給牠安心和寧靜呢？

　　有些人知道這麼一天將會到來，但不知如何面對，就一直擱著不去面對。其實，我們心裡的恐懼不安一直都在，這樣做，如同把失火的房門給關起來，假裝沒事，最後只會釀成更大的災禍。熊熊烈火可能摧毀整棟房子，把自己燒得遍體鱗傷。

　　升起的小火苗隨時可以撲滅，真正對我們造成傷害的，是來自對實情的刻意忽視。

　　在我擔任溝通師的初期，也並未擁有足夠的安寧知識，多是按照個案主的自由提問與寵物進行對談，也因此，我參與了很多處理不甚完善的個案。像是早期很常遇到緊急溝通的要求，是命在旦夕、只剩一口氣的臨終寵物，或是已經休克或正在進行急救，照顧者急著找溝通師，要問牠有沒有想對自己說的話、有沒有未盡的心願。

這是一個令人心碎的情況。因為，若是事前沒有心理準備、調適，無論當下溝通的內容多麼真摯，對照顧者和寵物而言，死別的衝擊仍然以海嘯之姿洶湧襲來，硬生生將人徹底擊潰，而滿是遺憾的心，就像海嘯過後的頹垣敗瓦，久久難以復甦。

無論出於有意或無意，我們撇頭不看生命終有期，就如同將失火的房門關上一樣危險。若是寵物的疾病已發展至末期，但我們無法接受病程會變化，過度頻繁的要求醫療行為、拒絕聽到醫生對病況的善意提醒，那麼寶貴的時光，就會在焦慮和不安中，一分一秒流逝。

親親我，
然後一起接受這個事實

我常聽到飼主在寵物離世後感嘆，即使當時非常清楚牠的身體狀態已無可挽回，仍在生前把時間都耗在強迫牠做不開心的事：像是為了灌飯每天跟牠僵持不下，三天兩頭去醫院門口排隊好幾小時，想盡辦法要牠配合醫療，甚至因為覺得牠不夠努力而對牠發脾氣，這些都是讓人事後自責、內疚的常見原因。

曾經有一隻 15 歲的老狗，長期服用心臟病藥物達一年，隨後併發腎衰竭但一度有控制下來，可是某一天狗狗突然癱瘓站不起來，緊急送院診療後住院，依舊沒有起色，雖不喘不咳、未有立即休克的跡象，但明顯越來越虛弱，三天之後醫生告知飼主病情不樂觀，好轉的機率相當渺茫，接下來只會越來越差，並建議讓狗狗沉睡。

飼主相當震驚，難以接受狗狗已病入膏肓的事實，決定先接回家，一方面自己灌水灌食，一方面整理自己的想法，再決定下一步。完全喪失食慾的狗狗，面對強灌的水、食泥、藥水，儘管虛弱，仍使出全身力氣極力反抗並拒絕吞嚥，寧可讓液體流質從嘴巴裡溢漏出來。溝通時牠是這樣跟飼主說的：「**媽媽，請你親親我，然後，跟我一起接受這個事實，我對身體的感覺變得好陌生，一下冷、一下熱，又好像一直有人在把我往下拉，我完全無法控制它。我沒辦法保證這次會像以前一樣好起來，不要對我抱太大的期待，我覺得我辦不到，你這樣讓我壓力好大。**」

人性總對於不存在的恆常滿心嚮往，在有意無意中想方設法去控制、企圖延長局面不要改變，這樣的執著為人類帶來痛苦。於是，人們總是用盡醫療手段、養生保健方式，想要抹去死亡帶來的陰影。

請不要誤會！我並非指醫療、養生是錯的，活著時好好活著，這是無庸置疑的，醫療、養生是促進生存品質的幫手；只是，當身體機能自己一道道在關閉，卻還緊抓著無效醫療、養生法不放，撇頭不願正視當下的事實，只是藉由「緊抓」試圖給自己安全感，那就會是很大的問題。

加護治療在還有希望治癒的急重症寵物病患身上是合理的，因為或許痊癒後有機會回復患病前的生活品質，然而遇到原本就病了很久的末期病患，當身體狀態每況愈下，甚至出現多重器官衰竭時，那意味的是整體機能的衰敗，是身體能量在消退；換句話說，此時即使再多的治療和食物，都無法「輔助身體恢復到先前健康時的運作狀態」，若是強硬的給，反而會造成寵物身心更多負擔。此時，就值得去思考，對寵物、對自己、對你們僅剩的寶貴時間而言，你所採取的方式有沒有正向幫助。

只是，害怕失去寵物，往往牽動著我們不安的神經，想到牠有一天會離開身邊，這想法讓我們恐懼，而這種恐懼更引發全面性的焦慮。種種感受像低頻噪音般干擾我們的聽覺，使人坐立難安；然而，我們卻很少意識到自己正備受影響，在煩躁和焦慮下，想方設法所採取的行動，多是希望讓自己從這種不舒服中解脫。但討厭的是，焦慮不安從未因此減少半分，而且往往，我們所愛的寵物也陪著一起付出代價。

當我們陷在撕心裂肺的痛苦之際，其實還有一個人比我們更難受——生病的當事人——也就是我們心愛的寵物，牠不僅承受著身體的不舒服，心裡還惦記著我們，為我們擔憂。在我們與寵物的關係裡，表面上看起來是我們在照顧牠，但在心的層面，尤其生命倒數的階段，也許是我們才更加依賴著牠們，比寵物更像孩子。

近年來動物溝通較為盛行，大家多了一個管道，能提早跟自己的寵物進行交流。只是，很多飼主來諮詢，仍舊著眼於事務性的事，談的話題圍繞在醫療上打轉，有一種類型是：「知道身體病痛還有哪裡沒被檢查出來嗎？」、「看醫生配合一點好不好！」、「吃藥要配合不要動來動去！」、「打針要配合不要扭來扭去！」、「你要多加油！」、「不要想太多，你沒事！」；另一種類型是，既然現行治療帶來的風險大過好處，那就探探寵物對就醫的意願、想法，以及「想不想要安樂死」。

也有不少人，即使已經溝通過，知道寵物還想吃什麼、想去哪裡、想見誰，也詢問了後事的選擇意願、聽過寵物想對自己說的話，依然不知道該如何面對接下來的變化趨勢；而隨著臨終的腳步越發靠近，當牠什麼都不想吃了、去哪都不方便、想見的人也見過，好像事務性的事都做

完了之後，我們又回到無助的原點，只能眼睜睜看著牠消失，沒辦法再讓牠感到幸福了。

有時候如果再加上旁人各種立場的關切，內心常常就會呈現兩極化的天人交戰，彷彿又回到兩個抉擇：要安樂死？或是拼上一把？我們不知道除此之外，還能為牠做些什麼，無能為力和恐慌變得更加強烈，心裡的安定蕩然無存。

在愛中來，也在愛中離開  個案 4. 帥帥

很多人來諮詢，會想對寵物隱瞞牠的病情和治療，但他們不知道的是，其實動物多半非常清楚自己處在哪個生命階段。身體是牠們的，能透過感覺明確知道自己的健康還是在走下坡，牠們清楚得很。

不過，即便知道生命在倒數，心中也跟我們一樣多有不捨，但牠們不大會沉溺於自憐中，很多時候即使身體正在承受著痛苦折磨，但牠們會撐著，等待還無法面對的照顧者把心情整理好，跟上牠們的生命步伐。

帥帥（化名）是一隻 17 歲的老爺爺狗，在到我這邊諮詢的一個月前，已經確診在肝臟、脾臟皆有巨大的腫瘤，除嚴重貧血外，後肢也出現水腫的情況。飼主原先希望能手術切除，但經醫生評估後，考量到腫瘤大小，加上病患當時身體機能已不佳，不僅術後恢復品質令人堪慮，會不會在手術中就過去都說不準，加上手術能爭取到多少有品質的存活時間，也是個大問號。在諸多考量下，最後不考慮手術，決定以輸血的方式抗

衡急速惡化的貧血，以此延長生存的時間。

　　第一次輸血完，帥帥明顯精神變好，雖然起身仍要人輔助，但只要能行走就會對飼主跟前跟後，食慾也好，除了大吃自己的食物，也會對著正在進食的飼主明示暗示要分一杯羹。這樣的好轉假象，讓飼主心情為之一振，覺得終於找到把死神擊退的利器。只是，這樣的光景也只維持了大約一週。

　　帥帥又回到醫院，之前輸進身體裡面的紅血球已急速被消耗殆盡，貧血程度比上次輸血前更加嚴重。雖然第二次輸血的困難度會比第一次高，而且照紅血球數值下滑的速度來看，這次可能連一週都撐不到，然而，飼主還是堅持要再次輸血。

　　我就是在這種情況下見到帥帥的。

　　紅血球的量正在快速跌落，即使輸血帶進大量補給，但短時間內就消耗殆盡，這只意味著一件事，即便輸血後短時間看起來就跟沒生病一樣，但體內的問題是持續惡化的，身體已沒有能力維持住本身的基礎功能。帥帥的生命期限就像牠的紅血球指數一樣，快速減少著。

　　想想從確診至今才一個月，一個月的時間多麼短，而且從知道的那一刻就感受到死亡強烈的威脅，這麼沒有心理準備的情況下，衝擊真的很大。平心而論，對平常沒有刻意練習準備的人而言，連個討價還價的餘地都沒有，就要即刻轉換、接受，是滿具挑戰性的。

　　我聽著飼主轉述醫生的建議，以及他二度堅持以輸血作為延緩死亡的方式，我心裡清楚，即使醫生已經把話講得很白了，飼主對於醫療的抉擇可能還是一樣的，這血可能會一直輸到不能再輸為止。

　　只是，既然爭取了些許時間，就該讓活著是有意義的。我思索著怎麼讓飼主看到這一點。

我詢問帥帥：「知不知道每個狗狗的肉身（當然也包括人的）都會有不好用、到期的一天？」
帥帥：「我曉得。我的身體跟以前不一樣了，這我很清楚。我也很清楚知道，我不像以前有大把的時間可以揮霍了。從我癱下的那一天起，直到今天的這些時日，每一天都是多賺來的。多一天，賺一天。」

知道是多賺來的，除了有意識自己正踏上歸途，也必定格外珍惜吧！
我猜想著。我又問到：「利用現在身體還能動的時候，想做些什麼呢？」
帥帥說了幾件事，都是非常家常的事，總括就是想要陪在飼主身邊、參
與飼主的日常作息，或至少可以望著他們。

我知道帥帥時間不多，牠的言談中又非常心繫著飼主，我希望讓牠離
世時能夠安心，也讓飼主在接下來的幾天有努力的方向，如此也能減少
事後的愧疚感。

於是我問：「在你真正離開家人、前往生命下一站之前，有沒有什麼會
讓你擔心、一顆心懸在那裡的事？」
**帥帥這樣說：「還缺一個保證吧，我曉得家人有能力照顧好自己，但我
還是想要聽他們親口向我保證。」**

我猜牠指的是主要飼主：「你是說姊姊嗎？」
**「姊姊其實沒有她自己認為的脆弱，但有時候她會忘記。」帥帥說，
「我希望她能親口承諾我，會把自己照顧得好好的，然後，要把對我的
承諾牢記在心。還要答應我，即使在她情緒很低落、甚至沒有人陪在她
身邊時，都還會一直記得這個約定。如果這件事能確定，我就真的能放
心了。」**

**「我不擔心姊姊有時的軟弱，我只在意她是否穩得住自己的陣腳。雖然
有時她要搞定自己需要一番功夫，但我從來沒有對她失去信心。我一輩
子都陪在她身邊，我陪著她從微弱變到今日的堅強，我很滿意了，也安
心了，我此生的任務算是有完成了。看著姊姊，就好像看著我一生的心**

血傑作，我對她和對我自己都感到很驕傲。」

錦囊妙計
你收著！

信任生命
是慈悲的
我有能力
照顧自己
信任
自己

飼主是寵物最在意的中心。吃什麼、去哪
裡玩，這些帶不走的東西在這個階段對牠們
而言，並非牠們最關注的。確保自己心愛的
人不因自己的離世而失去活下去的力量、能
好好開展接下來的人生，是我遇過大多數寵
物共同的心願。

我問到：「你最了解姊姊，你知道她有時候
會忘記，而未來沒有你陪在身邊提醒她，你
有沒有什麼話讓她收著，好讓她未來一個人
面對沮喪時，能記起你對她的心意呢？」
帥帥說：「信任，信任生命對我們是慈悲的；相信我，也相信你自己。」
「我跟你的相遇是因為愛，我要在愛中來，也在愛中去，能夠看到你們
都好好的，我就放心了。」

看著飼主的神情從一開始的緊繃，漸漸放鬆下來，我曉得帥帥這孩子
的話有進到她心裡，化成無形的力量，再一次支持著飼主的心。接下來
的日子，惋惜雖還是有，但我相信她們的相處不會只在醫療決策上打轉，
也不至於卡在存活天數上動彈不得。

讓活著有意義，把自己照顧好。「我好，我的寵物就會好」，這是我
們身為牠們最愛、也最愛牠們的家人，在末期階段能讓牠們真正安心、
放心的精髓。

相較於人類，動物對於生命中的老病死大多能坦然接受，牠們不太花時間去抗拒事實，多半比較能接納；然而，這不意味著牠們對生命是消極、放棄的，反而正是因為這種釋然，牠們更著眼於把握當下，關心我們的日常，用還有的時間陪在我們身邊，把每個幸福片刻牢記在心裡。

我每次溝通到心態如此正念的動物們，再對比自己常常因為一些預期性的擔心整天魂不守舍，就提醒自己應該要師法牠們，要記得把專注力拉回當下，才能真正「人在心在」，帶給寵物好的陪伴品質。

在工作室中，其實還有很多跟帥帥相似的大齡寵物個案，從診斷到離世，時間不過短短幾週到數月，完全讓人措手不及。我們總是希望心愛的寵物能活得越老越好，只是越抗拒生命有期，就越容易把最後的寶貴時間耗費在對彼此沒有助益的消磨上。

我們需要對生命有正確的認識，並時時「為最壞的情況作打算，但仍抱持最高的希望」，這樣的準備心態，能協助自己從還沒到的未來、及已經過去的過往拉回，專注在當下。如此，在面對生命當中的每一個變化時，才能沉得住氣，為寵物帶來一個安穩的心理空間，讓你和牠在還有的日子裡，都能「好好活著」。

Part **1**
5

「家裡怎麼安排，
會讓你覺得舒服？」
打造舒適的居家環境

關於照護知識，相信大多數人都不陌生。在我溝通的經驗中，有些讓寵物感覺幸福的小地方，是照護中較容易被忽視的，你可檢視目前的照顧內容是否涵蓋書中建議，用事半功倍的方式，打造舒適的環境和互動方式。

打造舒適的居家環境

有時候，照顧末期寵物最困難的地方，在於寵物有情緒困擾時，我們不知道如何應對。每當看到牠們不開心，自己就會心如刀割，急著想把這份不開心去除掉。只是，就如同我們自己的情緒一樣，情緒感受是無法「除掉」的，情緒是非物質化的東西，無法像拔蘿蔔一樣拔除而快之，是主觀的感受，並非受到外境的絕對影響。譬如下著雨地上又濕淋淋的天氣，對要外出遛狗的照顧者而言也許是個麻煩，但對某些狗狗來說，卻是有趣好玩的踩水天。

寵物身體不適時，產生的反應就跟人一樣多元：面對生活上越來越多不方便、無法自主，通常個性隨和的較能釋懷，自我調適能力較佳；反之，個性較為固執的，越容易因為力不從心而產生挫敗、沮喪的感覺。

照顧末期寵物的挑戰之一，便是承受寵物心情低落的事實。我們可以試著在有限的條件裡，從調整外在環境著手；理解牠們可能產生的心理挫折、微調互動方式，讓牠們心中的糾結得以紓展，也能讓情緒鬆綁。

末期寵物的身體照護方式，會以老年照護技巧為基礎，再加上個人生理狀態、病況的需求，發展出個體化的樣式。國內目前已有些教育單位、行為訓練師，開設相關的居家照護講座，臉書上也有一些老犬照護的飼主互助團體，建議多涉獵，減輕自己因技巧生疏而產生的壓力，也讓雙方都能有較好的生活品質。

　　因為身體照護這門專業牽涉到很多細節，可以花上一整本書的篇幅來撰寫，而這類資訊在市面上也不算少見，我就不花篇幅多贅述，但請照顧者還是要另外找管道學習。本節想跟大家分享的，是過去我在溝通的經驗中，建基於基礎照護知識都已具備之下，尚容易被遺漏的小地方。讀者在閱讀時，不妨對照一下自己的照顧內容是否涵蓋這些細節，用事半功倍的方式，打造讓牠舒適的環境和互動方式。

　　在我認識的狗狗照顧者裡面，很多人心裡都有個夢，總是認為要讓狗狗真正開心，就一定要出遠門、住民宿、上山下海，甚至要出國、搭飛機，才算是極致的愛的表現。在我過去的經驗裡，的確曾經有過一隻虛弱到輕癱的末期腎衰狗狗，在溝通時表示想去海邊，當照顧者真的付諸行動，狗狗是開心到在沙灘上小跑步。即使我沒有在現場，但聽照顧者描述當天的景象，心裡仍舊相當感動。

　　不過，這畢竟只能偶一為之，海邊不能天天去，但日常生活是每分每秒影響著牠的舒適度。這類近似於圓夢的方式，除了寵物本身的意願，還牽涉到地理距離、天氣，以及動物的身體條件，若是因緣不俱足，並非人人可達成。而且，末期動物身體本來就較虛弱，不耐舟車勞頓。

很多時候，那些日常的互動和作息（也就是看似家常的小事），反而就能起到效用，讓寵物感到自在、舒心。早先一段時間，我也會跟大部分照顧者一樣狐疑，為何詢問寵物如何讓牠舒心時，牠們都只是回答些家常的事，感覺沒什麼特別。

後來我慢慢理解，也許就像想家的人，通常只要一道再家常不過的家鄉味，就能喚起記憶中熟悉的溫暖，撫慰心裡的憂煩。有一種味道，叫媽媽的味道，那通常不在什麼華麗的事件裡，而是細細編織在熟悉的情景中，不知不覺中就讓我們被觸動了。所以，要讓寵物舒心，最容易達標的方式並非做些驚天動地的事情，而是在日常生活的細節中，頻繁提供讓牠自在、舒適的元素。這些小小、小小的加總，會編織起一張承接幸福感的網絡，無時無刻讓牠處於愛的感覺。

動物的五感與人類大不相同，光線給牠們的感覺、對聲音的敏銳度和頻寬、對氣味的感受和資訊的解讀、對味道的認知、全身觸感的感應和接收，都比人類敏銳得多，這是科學早已證明的事。反過來說，很多我們人類感覺不到或忽略的細微之處，牠們都會有感覺，甚至大受影響；所以，當我們在進行那些「家常的要求」時，務必記得我們不僅僅是「執行一個動作」而已，就像媽媽的番茄炒蛋並非只是一道菜，而是在透過看、聞、嚐的過程，我們內心最深刻的情感和回憶都會一一被勾起，寵物在「做」與「被做」這些看似家常的活動時，內在反應也是一樣的。

因此，在進行以下的家常事清單時，不妨用寵物的角度去揣摩，也試著一同去感受色、聲、香、味、觸和整體氛圍。這樣我們就比較能體會寵物做這些事產生的愉悅心境，不讓焦點陷在個人的失落和焦慮裡。

　　還有一點需要先提醒的，是儘量維護如常生活的條件和氣氛。這麼做的目的，在於讓寵物還有一口氣時都能感到自在、舒心；換而言之，雖說當寵物生命走到末期我們會感到悲傷，但是在生命的盡頭，寵物才是牠生命的主體，而我們不是；我們雖是飼主，但其實也只是從旁陪伴的角色，是協助牠在謝幕前得以完美演出、供應牠條件能讓牠盡情享受的重要人物。作為一個輔助寵物能有尊嚴走完生命全程的角色，在與牠互動、照護時，切記不要喧賓奪主；給牠需要的，而不是我們自己想要（給）的，還要留意不要被自己的得失心給牽制了。

家常事清單 1：
陪我去公園，好嗎？

　　「你還想去哪？」是照顧者最常提問的十大話題之一。若是本就規律出門散步、本身也喜愛外出的狗狗，牠們的回應大多是常去的散步地點，而不是未曾去過的山郊野外。久久才去一次的地點如擎天崗、烤肉溪邊，偶有遇到要求，不過多半是出於狗狗聯想到當天照顧者愉快、放鬆的狀態與神情；比較常見的回答，往往是想去習慣的小巷弄內的公園、住家樓下的中庭花園。

　　即使是身體條件變差、容易累、走不久或走路顛顛簸簸的狗狗，大多還是會想踏出家門，讓自己有機會浸泡在室外的環境裡。也許在旁觀者眼裡，常去的小公園沒什麼稀奇的，但對狗狗而言，戶外的聲、光、色、氣味豐富且多元，加上人來狗往，這些不僅能讓牠透口氣，也能喚起牠的興趣，有時還會帶牠進入回憶裡。對習慣外出的狗而言，散步、嗅聞就如同我們上臉書瀏覽動態外加打卡一樣。有些已經無法行走的狗

狗表示，即使只是坐在輪椅觀看，或坐在推車上用眼睛散步，也能為生活帶來樂趣，而且仍期待每天出門的時光。

在這個階段，照顧目標會放在讓狗狗感到自在，而不在於復健。重點不是激勵牠多走幾步，而是慢下腳步來，跟著牠慢慢體驗、用心咀嚼來到眼前的風景。即使我們無法真正知道牠們收到了什麼資訊，但光是看到牠們瞇著眼睛、享受徐徐的和風，或興味盎然的吸著鼻子，多少也能體會那一刻讓牠們忘掉壓力的自在。

研究顯示，狗狗在嗅聞時心律會顯著下降，降至放鬆時的頻率。此外，嗅覺的神經傳導直接連結到大腦的邊緣系統，也就是主管情緒的中樞。因此，常被人小看的嗅聞行為，實際上不止讓狗狗身體得到紓緩，放鬆的身體也有助於緩解壓力，有調節情緒的作用，因生病而累積的挫折感有機會得到調和，這些環環相扣的影響，對狗狗身心的調劑都很重要。我在想，或許狗狗提出這樣的要求，不只是牠想要，而是身體本身真的有這樣的「需要」。

帶著不良於行的狗狗去常去的公園，照顧者自己的心境也會是複雜的，一方面知道這麼做會讓牠舒心，一方面又會不由自主和健康時的狀態比較，有可能因此掉入悲傷黑洞裡，會因為「去年的牠還會自己去跑草地，現在只能坐輪椅了」這樣的想法而覺得感慨不已。這樣的出神是很正常的，因為這種失落的確是事實，但記得要讓自己回神，拉回焦點，在內心重新設定陪伴動機。

我們的角色是陪伴，輔助牠在有限的客觀條件下享有心理的自由和自

在，所以我們內心的視角很重要，試著不要只聚焦在「牠很悲慘」。一來沒有人喜歡被可憐（動物當然也是），二來當我們固著在這個觀點上，就會看不到牠的內在韌性，以及「牠還能享受」的能力，也就無法體會到「牠還活著」的珍貴之處，難以感同身受牠的滿足和平靜。這是關於自己內在的調適，牽涉到我們是樂觀或悲觀的慣性心態，這對照顧者確實是有挑戰性，但非常值得練習。

如果狗狗已有不良於行的情況，適時使用輔具以減輕狗狗的負擔，可協助照護者事半功倍、保留體力，也減少因用力不當而受傷。像是介護帶、推車、拉車等，在網路賣場或實體店面皆可購得（記得確認穿戴在狗狗身上是否夠舒適，也需要多方觀察、比較），在不少老犬照護社團內也多有人分享。而公園的長椅或自備野餐墊，也都是外出放風的好幫手。

家常事清單 2：
讓貓咪自在的環境設定

當貓邁入高齡，往往伴隨關節、肌肉的退化，很多細心的照顧者會發現貓咪出沒的位置變低了，例如年輕時喜歡跳上窗台邊看鳥、看路人，後來慢慢只出現在茶几的高度，甚至最後都只在平地活動了。有些照顧者感覺貓咪跳躍、平衡能力不如過去穩定，出於擔心牠從高處掉落的危險，在貓還會嘗試跳躍但偶爾失敗的階段，就會刻意堵住前往窗台的行徑通道；有些則是看貓不再出現在窗台前，物品就開始往那個空間擺放，於是就算貓仍有意前往，也沒有足夠行走、坐臥的空間，或是在地面仰頭往窗戶看去，視線都被堆積物品擋住，不再有良好寬闊的視野。

家貓雖然不像狗狗需要散步，但牠們對外界的渴望並沒有比較少。很多末期的貓在溝通時都表達，希望可以像年輕時一樣，去窗台看風景、吹風、曬曬太陽。只要安全措施做好，搭設緩坡、小間距階梯，窗臺邊雜物清空，或同高度加寬的情況下，（若要開窗，紗窗內務必要加裝防護鐵網），其實是可以讓貓保持自主性，並滿足牠與外界聯繫的渴望。

若看窗外是貓咪年輕時的日常活動，如同散步是狗狗生活的基本要素，當貓長期無法再靠近窗邊放風打盹，就像一個愛唱歌的人被噤聲、愛畫畫的人被綁起雙手一樣，生活樂趣與重心消失殆盡。少了自然界的氣息，居住空間也被限縮的情況下（從3D變成2D），貓就像只能在家看第四台、連去公園甩手下棋都不行的老年人一樣，容易變得呆滯，生活變得無聊，而且也無力改變，此時就容易心生厭倦、只想蒙頭大睡。

照顧末期寵物的環境設定，在於讓牠們感到自在，最能讓寵物放鬆的要素就是熟悉感。因此，打造一個安全舒適的生理、心理環境，關鍵在於維持一個讓牠們如常生活的空間。年紀大的貓較少出現在地平線以外的高處，不代表牠不再感興趣，而是能力辦不到。有些照顧者出於保護心態，認為只要有風險就應該全面避免，於是完全阻斷貓去到高一點地方的可能性，堅持什麼動作都要為貓代理，用照顧失能者的方式照顧貓，繃緊神經生活著。其實此時已無「生活」可言，

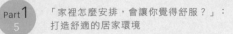
焦點都在牠的那副身軀，而不是牠這個有靈魂、有感情的生物了。

貓的血液裡留著自由的天性，「喜歡自己來」的傾向，體現在牠們舉手投足之間。當牠們的自主性被剝奪，其實也扼殺了快樂的權利。為了方便照顧管理，而犧牲掉牠們所剩無幾的樂趣來源，這是安寧照護裡很容易被忽略的環節。

請給予緩坡，加上輔助的安全防護措施（止滑、防摔圍欄、通道淨空），協助牠儘量維持如常的生活型態，以最順應貓咪天性及心理需求的方式，打造讓牠舒適自在的生活空間。

家常事清單 3：
為牠開扇窗，保持通風

若是寵物患有心衰竭或呼吸系統疾病，通常照顧者的心理壓力更為強烈，因為當牠一喘起來，或大半夜都無法好好入睡休息，如此外顯的症狀容易把照顧者推向極度焦慮的邊緣，隨之而來的恐懼和束手無策的感覺，常使人神經緊繃但又不知所措。

心衰竭末期常伴隨肺水腫，而原發性或轉移性的胸腔腫瘤，或各種原因引起的肺高壓、胸腔積液，使得胸腔因體液或實體組織的佔據，造成容納空氣的空間受到限縮，動物無法藉由吐納獲得足夠的氧氣（和排出二氧化碳），全身器官在缺氧的情況下會向腦部發出通告，迫使呼吸、心跳加速的發生。此時動物的身體感覺可比擬高山症的患者，差別在於，末期動物是出於體內病變造成的功能失調，而非受到外部條件（如氣壓、

氧氣含量）的引發。這就說明了即使供應純氧、高壓氧，也都只能暫時緩解不適，但隨著體內病變的擴大、及連帶多器官功能失調，外援性醫療手段能達到的緩解效果，將越來越有限。

在人的安寧照護裡，照顧這類的病人，除了供應純氧以外，還有教授正念冥想，減少因焦慮帶來的代償性呼吸加速，創造了身體的「鬆」，而身體放鬆的感受直接減少生存危機的心理暗示，如此由心理影響生理，再由生理反饋心理，加總起來就創造了正向循環。

我們雖然無法教寵物主動練習冥想，但牠們具有敏銳的感知，照顧者可以藉由調整外在環境，釋放不同的訊息到其周遭，使牠們浸泡在能提供安全感的環境氛圍裡，達到類似的功能，進而對牠們的情緒、身體產生影響，使其身心放鬆，帶來較為舒適的呼吸感受，是我們在安寧照護中的目標。

不少照顧者會在家自備氧氣製造機、氧氣箱、氧氣罩，這是發紺（舌頭發紫）時的必要手段。不過，不少末期寵物會要求，希望平常家中能夠開窗，似乎室內通風、空氣對流，能自然帶給牠們較為抒展的放鬆感。我在想，也許是配合外界的聲音、空氣中攜帶的氣味訊息，能帶給動物恍如置身室外的開放感受，如同我們親近大自然時所產生的空間感、放鬆的感覺。如果剛好正值夏天，開冷氣比開窗還舒適的話，不妨加開循環扇，創造自然風的感覺。（不過如果是氣管特別敏感、一受風吹就咳嗽的孩子，可能就不適合了）。

有一點很重要，如果家裡還有其他動物夥伴，例如貓或鳥，在開窗前

一定要加裝好安全防護措施，避免意外事件的發生。

　　正念冥想雖無法運用在動物身上，卻很適合照顧者作為平日的自我紓
壓方式，別忘記我們也是寵物「環境」的一部分，情緒氣場直接擴及到
牠們，是牽動牠們神經的重要關鍵，我們若是比牠們還緊張焦慮，就很
難成為安全感的來源。因此可以試著練習正念冥想，使自己的穩定營造
出讓牠們能放鬆的空間。詳見 Part2 作為照顧者，你需要的自我觀照，P.182

家常事清單 4：
陽光

　　很多家貓喜歡做日光浴，如
果家中有陽光曬進，無論是陽
台或窗前，常會看到一條紓展
開的「毛」在那邊放懶。喜歡
陽光灑落的感覺，通常不會因
為生病而改變。曾經有一個末
期寵物形容「渴望再到窗邊曬曬太陽」時，牠傳遞過來的影像，陽光是
溫和但是明亮，沐浴其中彷彿有數不盡的金色亮片點點灑落在身上，溫
暖了身體、也溫暖了心。

　　台灣的太陽很毒辣，也無怪乎我們常對陽光避之唯恐不及；相較而言，
歐洲北部的人在冬天時，常常因日照時間大幅縮短、陰雨天又多的情況
而產生「冬季憂鬱症」。雖說日照不必然是單一決定憂鬱與否的因素，
但不可否認沐浴在金色光輝下的確有提振的效果，只要確定溫度不過熱、
寵物也還能自由移動，讓本來就喜歡做日光浴的末期寵物恢復接近陽光
的機會，也會是一個暖心的舒適小憩。

家常事清單 5：
身體的碰觸，安心的來源

　　寵物若是原本就喜歡與照顧者有肢體接觸，無論是喜歡被摸摸，或是
不喜歡被手摸但會用身體靠著照顧者，在問及如何照顧會讓牠感覺舒適

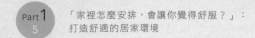

時，多半會提到想要有身體的接觸。

聽牠們描述對「手摸摸」或「坐腿腿」的渴望，並非只是一種人肉與動物毛的物理性接觸，而是享受我們的同在。不是為了餵飯、吃藥、打皮下等任何目的，不為了要「做什麼」，只是安靜但專注的待在牠身邊。「專注但不緊繃，放鬆但不渙散」，透過手的輕撫、或其他身體部位的接觸，讓我們的柔軟和體貼，像體溫一樣溫暖牠的身子，也溫暖牠的心。

研究顯示，通過良好的互動，像是撫摸、溫柔說話、溫柔的眼神交流，會讓雙方體內的催產素濃度上升。催產素又俗稱為愛的荷爾蒙，當體內的催產素濃度上升時，會感到滿足、安全、寧靜；也就是說，當我們與寵物有你情我願的身體接觸時，彼此同時都會產生愛的感覺。其他研究顯示，這樣的互動不只愛的荷爾蒙會上升，反應壓力的皮質醇（壓力荷爾蒙）也會下降，讓血壓下降。換句話說，這些溫柔碰觸不只帶來幸福的感受，同時也紓解了壓力。當然，前提是雙方都有享受在這樣的互動中（所以學習觀察寵物的肢體語言是多麼重要）。

這就解釋了，何以我在做末期寵物的心情安寧溝通時，問到寵物想要飼主做什麼，牠們常會回答：想要摸摸，想要飼主待在身邊或靠在飼主身上，想聽飼主對自己說說話，手機放下陪陪我。這些被我們認為微不足道的互動，卻最輕易就能帶給牠們「被愛」的感受。

寵物在年紀大之後，多少會有關節、肌肉的退化，這裡痠、那裡痛漸漸變成生活中默默忍受的常態。有些時候照顧者發現寵物年紀大後，摸到以前給摸的地方、或是對牠做一些特定動作，會忽然變兇或作勢咬人，

這些都有可能是因為身體疼痛造成的。若是照顧者不察，繼續用原本的方式和力道與寵物互動，則很有可能造成牠們出於對疼痛的害怕，而對碰觸產生排斥跟防備。

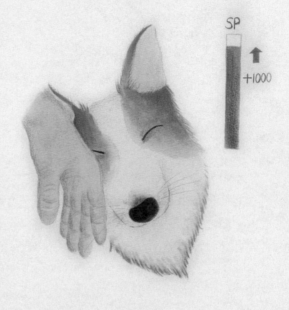

這種狀況也很常見於末期需要投藥或打皮下的寵物，因為操作的手法太過於強迫，帶給牠們太大的緊迫，以至於對照顧者的手產生不信任，只要一有動作就會閃得遠遠的，或對於我們的接近感到緊張、無法放鬆，即使牠們心裡是愛我們的。在這樣的互動底下，切記少即是多，不要硬求完美，剛剛好就好。

若是已形成上述勢態，那就不急著再趕快把手搭回牠身上，反而是從重新建立信任感開始。雖說該做的還是要做，但我們得多帶著一分覺察，當牠表現出迴避時，表示牠的內在已經警鈴聲大作，這時我們可以有所回應，也許是動作稍停，或退回一些、緩一下，讓牠知道我們有在「聽」，千萬不要像機器人般只注重高效率的完成度而給牠硬灌下去。當寵物發現我們有在留心牠的感受，會比較安心把自己交給我們，出於防備的警戒心就會下降。信任還是可以長回來的，畢竟照顧者本來就是寵物安全感的依附來源。

若是沒有上述問題，那就儘量在陪伴中，按照寵物的回應給予身體的接觸。我們覺得寵物柔軟的皮毛很療癒，其實寵物也覺得我們光滑的皮膚很療癒，有些寵物形容照顧者的手叫「神奇的手」，好像柔軟的手、掌心的溫度（應該還包括我們的同在），放在牠們身上的時候會產生一種魔力，感覺被撫慰了，身體跟心都放鬆了。

有些寵物說，躺在那邊腰痠背痛的，僵硬之餘又不太能自己活動紓展，此時照顧者在身邊，只要不是執行什麼醫療行為，就算沒專業技巧只是輕柔摸摸，其實都挺舒服的。不過一般來說，要輕輕拂過、順毛摸，不要一開始就落掌在牠明顯疼痛的部位，接受度會比較高，也比較容易帶來安舒的感覺。

有些寵物則是本來就對手的碰觸較為敏感（貓較常見），喜歡給摸但也不喜歡長時間觸碰，照顧者要留心牠的反應，能自己分辨何時該停止。不要因為寵物比較不能移動、迴避就一直摸，也不要等到牠反應出強烈的「不要！」才停手，一切以寵物的身心舒適度為主。

有一種情況是寵物不給摸但又喜歡靠過來或依偎著我們，那我們就提供一個穩定的人肉靠墊給牠，也會達到一樣的紓緩效果。請記得，寵物可能會因為疾病而調整身體姿勢，才能獲得較為舒適的感受，照顧者需要視情況調整自己的互動方式。例如：若是「嬰兒抱」心肺功能衰竭的寵物，可能會因姿勢的關係壓迫胸腔，造成呼吸費力；脊椎疼痛的寵物，可能會比較傾向躺在平整的軟墊上，可以自己調整姿勢，而不是我們凹凸的大腿上。這部分因人而異，需要仰賴照顧者的觀察，觀察寵物的反應，等同於讓牠來告訴你牠需要什麼，記得不要因為自己覺得抱著

牠牠會比較有安全感，而忽略了牠的自主性及身體的舒適度。

　　關於這邊提到的撫摸，重點不是要使勁去按摩（想用力按開牠的筋絡），也並非復健、理療，關鍵是「碰觸」。透過我們的手或身體接觸，讓寵物感覺我們在側，並且在乎牠的情緒感受，安靜陪伴著牠們，就如同過去牠們陪伴我們一樣。坊間有種叫 TTouch 的療癒手法，與這邊提的概念有異曲同工之妙，將 TTouch 應用在末期寵物身上，確實能為寵物及飼主帶來諸多好處，建議照顧者進一步了解這門調和身心的藝術。

其他輔助介紹

　　另外，柔軟的睡墊、柔和的音樂，或是動物生藥學的應用，多半能帶給末期寵物紓緩的效果。但很重要的是，要能觀察寵物的反應，來判斷牠究竟有沒有享受其中。

　　若是對能量療癒有興趣，臼井靈氣（Reiki）是一種安全、溫和的方式。臼井靈氣起源於日本，西傳後在西方世界蔚為盛行，在國外的人醫醫療系統中，有不少大型教學醫院已將靈氣納入整合療法的選項中，在癌症中心、新生兒中心、安寧病房，常可見提供靈氣服務以緩和病人整體性的身心痛；靈氣進一步被使用在寵物身上也是行之有年，協助寵物達到的放鬆效果常常比人類還要顯著。學習初階靈氣的技術門檻不高，若是有機會透過上課學習，就可以在家自行施作；台灣目前也有不少寵物靈氣療癒師，可以提供現場或遠距的服務。

　　在此提醒一下，如同任何一項輔助療癒法，靈氣無法取代正統治療，

也無法逆轉寵物的命數，將靈氣運用在末期寵物身上，在於協助牠們緩解身心的不適，讓身心和呼吸得到紓展，就達到安寧照護的宗旨，也就是全人照顧（身、心、靈的全面關照）。

另外，對於有整體性身心痛的動物，巴赫花精（Bach Flower Remedies）也有不錯的紓緩效果。身與心是互相影響的，若長期的身體失能，會讓壓力賀爾蒙逐漸累積，導致身體的慢性疲乏，也會讓個體感受到愉快的血清素分泌減少，心情就難以「美麗」，緊繃的心情讓原本就存在的病痛變得更加難以忍受，這常變成一種惡性循環。若是寵物患的是慢性病，身體的耗弱是漸趨漸行的，特別是牽涉到身體的僵硬（如骨關節）或沉重，我常會以橄欖（olive）加上橡樹（oak），再視牠的情緒反應，搭配其他對應的花精種類，通常都能讓寵物的身心得以紓展。

常見寵物心情安寧音樂

＊動物的聽力很敏銳，播放時記得音量不要太大，免得過於刺激。
＊動物如同人有個體偏好，播放時請觀察其反應，挑選反應好的種類。
＊若播放 Youtube 頻道，記得採用無廣告方案，不然突然插入的廣告聲會讓寵物抓狂！
＊有些頻道有出專輯，可在 iTunes 線上購買與播放。

Youtube 頻道：
Relax My Cat - Relaxing Music for Cats 放鬆我的貓－放鬆貓的音樂
Relax My Dog - Relaxing Music for Dogs 放鬆我的狗－放鬆狗的音樂
Calm Your Cat - Relaxing Music and TV for Cats 平靜你的貓 - 輕鬆的音樂和貓的電視
Calm Your Dog - Relaxing Music and TV for Dogs 平靜你的狗 - 輕鬆的音樂和狗的電視
Relax Your Dog - Calming Music and TV
PetTunes - Music for Pets 寵物音樂

＊任何人類放鬆時聽的輕音樂皆可，關鍵字：音樂＋紓壓 / 放鬆 / 冥想 / 靜心 / spa / 睡眠。

「我怎麼跟你互動，能讓你比較開心？」
理解寵物的心理需求

除了讓身體得以放鬆，心情的關照是安寧照護的一大重點。一般認為，寵物活著就是要讓牠開心，其實除了開心，末期寵物的心理需求更甚於此。

除了「開心」，
我還有不同面向的心理需求

個案 5. 布丁

　　布丁是一隻 20 歲的高齡犬，來溝通諮詢的前一年，已被確診口腔黑色素瘤，照顧者選擇以中藥調養，以及可說是二十四小時的隨身看護，雖說還是看得見腫瘤的進展，但照顧品質非常優質。不過，真正讓寵物較為困擾的，並不是嘴上那顆瘤，而是體力的衰退，加上骨關節的退化，造成行動力下降，現在多半都躺著，有時候站著會軟腳，前去上廁所途中會漏尿，行走間維持不了重心會搖晃、直接摔倒；偏偏布丁又是什麼都堅持自己來，起身、如廁都不讓人插手，照顧者要是出手幫忙，還會換得一聲抱怨的低吼。不曉得是哪裡弄痛牠、還是純粹生悶氣，真的是幫也不是、不幫也不行。看著布丁對生活不太開心的模樣，照顧者除了心裡難受，更是兩難。

　　我跟布丁說，照顧者很愛牠，生活中有牠的陪伴是很幸福的事，只是最近看牠身體越來越不舒服，特別心疼。

布丁回答到：「我知道，家人們盡全力讓我還有活著的感覺，我很感謝。這個該死的身體真的很失控，有時候我會很生氣，但有時候只要看到他們，我又會忘了生氣。」

　　聽起來是因為行動不便而感到挫折，我決定再多探索牠的情緒，也讓牠紓發。於是我重複牠的話：「你因為身體不方便而生氣啊？」

　　布丁：「對啊，以前我想幹嘛就幹嘛，現在什麼事都要依賴別人，覺得

很煩。這種不自由的感覺讓我覺得自己很可悲，而且現在身體毛病越來越多，這邊癢、那邊痛的，有時候日子過得平順，有時候又很卡，我雖然試著忽略不順的感覺，但還是挺煩的。有的時候我會因此生自己的氣，覺得自己越來越沒用了。」

覺得自己沒用，那真的很讓人沮喪啊，身體的不適固然折騰人，但最折磨的莫過於被剝奪的感覺，以及隨之而來的自我貶抑吧！

我：「這會讓你對自己失望嗎？」
布丁：「會，我覺得自己可以引以為傲的地方越來越少了」

的確，身體的不受控制可能不只帶來生理的不方便，連帶自我尊嚴和價值感都會受到質疑。有時候，內心的痛才是最有感的，大過於身體帶來的挑戰。我想釐清牠這樣的觀點，是只針對自己，還是概括認為身邊的人也這樣看牠，因為兩者有很大的落差，解法也不一樣。

我：「你覺得家人也是這樣看你嗎？覺得你是越來越沒用的布丁？」
布丁：「我不知道，但我知道他們體貼我。只是他們的協助更讓我覺得自己很沒用。我也曉得他們都是出於一番好意，只是我自己無法面對這種沒用的感覺，真的是糟透了。」

聽起來布丁最在意的是需要尊嚴感，牠不喜歡被可憐。我想幫家人澄清一下，也看看能怎麼協調，畢竟所剩時日不多，最後這段日子裡，若互動能更順暢、愛能直接傳達到心坎裡，彼此也比較不會產生芥蒂，心裡的壓力也會變小。

我：「你感覺他們是同情你才幫你嗎？」

布丁：「也不是，他們希望我能舒服、開心、快樂，這我知道。只是面對這麼多不順，讓我很沮喪。我沒有生他們的氣，我是對自己生氣，因為旁人的幫忙，提醒了我的不行和不能。」

聽起來家人有體貼到布丁的感受，布丁也有收到家人的心意，牠純粹是感覺沮喪，這就比較單純了。於是我問，家人怎麼協助能讓牠舒服些？布丁說，目前定期的物理治療能緩解牠的痠痛，身體會感覺好些；此外，也希望任何人要碰牠身體之前，能先打聲招呼讓牠知道（或看到），有個心理準備，感覺會比較好。

我並沒有對布丁進行勸說，畢竟身體感覺是牠的，而牠的確也正在經歷自主能力一項項被剝奪的過程。觀點是很主觀的，牠的感受對牠而言也都是真實的，沒必要去勸牠想開或放下，單單去傾聽牠的感受，並就著牠的邏輯詢問解決方案，就已經能讓牠的情緒產生流動了。傾聽、同理、感覺被理解，本身就是一帖藥。

不過，這也表示家人除了照顧身體，也需要照顧牠的心理；除了「開心」以外，生病的寵物其實還需要不同心理面向的關照。值得一再提醒的是，寵物在這時最不需要的是被同情和可憐，光是同理牠的感受並溫柔以待，就能讓牠還能感覺自己是個生命，而不是個落魄的可憐蟲。因此，在照護和陪伴時，要時

時留意自己的起心動念，當我們抱著不偏不倚的態度，如實接受牠當下的呈現，某種程度上就與牠的心在一起了。

讓我看著你，讓我聽聽你，讓我仍然參與你的生活

布丁說著與家人的相處，提到很幸運有大家作伴，尤其是當大家都回到家時，**牠特別開心：「生活雖然沒什麼爆點，沒特別去哪、特別做什麼，但穩定、規律的過日子，就是快樂的來源。我過去喜歡在他們身邊走來晃去，好奇他們今天去了哪裡、都在幹嘛，我喜歡參與他們的生活，有他們在身邊，我就好快樂」**

想到布丁過去都是主動想加入家人們的生活，如今面對寸步難行的身軀，大多只能被動接受安排，這樣的落差帶來的衝擊和失落感，恐怕不是旁人能想像。

我同理牠，說：「現在都只能躺著，不能像以前一樣主動靠近家人，這讓你很沮喪嗎？」
布丁：「對。平常的時候我想待在可以看到所有人的位置，然後，我希望他們能到我身旁，跟我分享一天下來的感受。」
我又問：「會不會想要回憶過往呢？」
布丁：「可以啊，只要不要提到我以前跑得快，其他都好。」

看來，布丁還陷在今非昔比的強烈反差裡，一時仍無法接受自己失去的主動性，每個人對於失落的調適時間長短不同，不該勉強牠一定要在

此刻接受。對寵物而言，照顧者的理解即是最溫暖的承接，雖說末期寵物無法像過去一樣容易被取悅，不再呈現高張、表淺的「快樂」，但牠們體驗愛與被愛的能力並未減損，有時候苦樂參雜的心境，也許才更貼近人生的真實。

　　陪伴，並不代表我們一定要對牠「做事」或「說話」；體諒牠的難處、理解牠的心境，有時候僅是安靜在牠身旁待著，手機、平板關起來，跟著牠一起呼吸，讓自己的身體和專注力都與牠同在，如實接受牠所有的呈現，出席牠的快樂與哀愁，不陷在自己的焦慮裡，不抗拒逃開，就是穩穩的待在牠身邊。光是這樣，無論是你陪了牠、或是讓牠陪了你，我們的勇敢、寧靜，都會讓寵物感覺到一股穩定的能量；相對的，我們也才有可能體驗到，陪伴過程中瀰漫的那種很細緻、容易被忽略的連結感。

與悶悶的感覺共處

陪伴末期寵物，在各方面都是挑戰，時間、體力的局限是比較容易被注意到的：無論你是上班族或是自由工作者，家裡有別人可以輪班接替、或是從頭到尾只有你一人，一天只有二十四小時能用，是照顧者常見的共通困境。若是居家照護的手續繁雜，或需要頻繁就醫，這些就已經足以讓人忙碌，更別說我們還要維持基礎的生活機能，工作、家務瑣事，加總起來常常讓人恨不得有三頭六臂以加快自己的效能。整體負荷超量，累積起來對心理也是不小的負擔。

此外，照顧者燃燒自己的肝，壓縮自己的休息時間、犧牲生活品質，聚精會神將每一個醫囑執行好，對自己抱持高標準，希望自己立刻變身照顧達人、不允許自己犯錯，睡覺時仍繃緊神經隨時待命，吃飯也隨便解決，長期處在高壓力的狀態，又無法好好讓身體獲得休息，飲食營養也可能忽略，這樣不出多久，身體也容易耗竭。很多寵物患慢性病（認知功能障礙、心臟病、腎臟病）的照顧者，在後期往往都是用意志力撐著，不讓自己倒下，身心皆處於高度壓力下，很是辛苦。

而在種種身心考驗之下，最容易讓人忽略的，也許是那種如影隨形的無力感，還有揮之不去的低落。眼看著心愛的牠日漸衰弱，自己心裡也明白很多關於生死的大道理，然而感受卻也很誠實，做再多卻仍然節節敗退，被迫體驗著一點一滴失去的無奈。

看著寵物承受著身體的不適，心疼牠卻又無法替代牠承受痛苦，眼睜睜看著病痛吞噬心愛的毛孩，這是每一個身為毛爸毛媽最揪心、深刻的

痛苦。這樣的無力感無聲纏上我們，讓我們處在揮之不去的低氣壓中。

頭腦跟感覺打架，是照顧者常見的困擾。或者說，即便我們做足心理準備，甚至也希望牠能夠趕快離苦得樂，但身而為人，我們在面對死亡、分離時，會出現多重、複雜的感受。眼睛看到的是寵物受著病苦的折磨，我們「嗅」到的是死亡的氣息，體驗到的是寵物正在改變，想到的也許是未來即將沒有牠的日子。這些有形、無形的種種，使我們自然而然感受到錐心的撕裂之痛，從很深層的內在浮現出來。

即使分離（死亡）尚未真正發生，我們已然在經歷因失落帶來的悲傷，這樣的悲傷很真實，像是被千斤重的巨石壓在身上，悶悶的感覺想逃都逃不掉，有些人也許會在身體上感覺到悶悶的「重量」，像是胸悶、感覺身體沉重，或是壓在心頭，壓壞了日常生活中感覺快樂的能力。

這種低落的感覺，很容易在無形中壓得我們難以喘息。更具挑戰性的是，當你學習了本書的論點，開始與毛孩進行居家對話，帶著牠一起回憶過去種種的美好，有可能，前一刻你還沉浸在往日的歡笑，下一刻回到當下，看到的是羸弱、不同於以往的牠，心情會立刻從天堂掉到地獄，彷彿經歷一場情緒三溫暖，反差之大讓人更覺得難以適應。

這是有可能發生的，但也是正常的，如果你有類似的體驗，請試著先接受自己的情緒，在這個階段，情緒容易起起落落，試著把專注放在「當下的感受」，並且如實接受當下有什麼感受：當下想起美好過往，心情是快樂的，當下感受到牠正處在生命最後階段，心情是低落的，這些都是很真實的感受，不需要互相抹煞或抵銷。如同我們的人生，快樂有時、

難過有時，應該容許這些情緒得以並存。

　　為什麼開始要學著接受與「悶悶的感覺」共處，並接納它成為未來日子的心情基調呢？一方面是，我們都不喜歡悶悶的感受，因此往往會下意識想要抗拒或轉移，無論是藉由吃甜食、滑手機、追劇，或是把希望寄託在「牠要好起來」，我們額外花了大把力氣去隔離讓自己不舒服的感覺，卻反而更讓自己難受，因為你知道那個痛苦仍然在那。

　　此外，很多寵物臨終前的願望，都是希望飼主能夠好好的，要像過去一樣快樂，要「笑笑的」，這對於處於失落悲傷的照顧者而言，無疑是個艱難的任務。此時要「笑笑的」真的很難，但我想寵物更深的心意是，希望我們無論在人生哪個階段，都要能對自己慈悲，好好愛自己。

　　如果說皮笑肉不笑太過沒人性（我相信寵物也不是想看我們的假面），從較容易的小目標開始，先接受自己會脆弱的事實，接納悶悶的感覺會長相伴隨，不抵抗、也不陷入，若察覺到自己丟失了接納的心境，再溫柔把自己帶回即可。**關於覺察情緒與自我關懷，詳見 Part2，P.194**

　　在這個階段有件事非常重要，需要我們反覆不斷提醒自己：就是要記得，在視覺表象的背後，有個成長的潛力正在展開。雖然你眼睛看到的是日漸消逝的寵物身軀，但與此同時，也正是牠生命中最榮耀的時刻。因為，如果過去沒有牠的同在、帶來歡笑、與我們共度人生的高低起伏，那麼今日的我們一定不會一樣，也許不會經歷到這種無條件的信任和愛、不會有那麼多感動時刻、不會感覺到自己的價值、沒有機會激發自己的潛能成為更好的人。

因此，此刻我們站在寵物面前，我們就是牠這輩子最驕傲的成就——以一生用心呵護的結晶。知道了自己的努力有了回報，覺得此生值得，會使得寵物的心理獲得極大的滿足，而這樣的滿足，讓牠在面對即將走向的終點，將會無懼無畏、抬頭挺胸。

　　即使感覺身體孱弱，但心理的力量，會因著對自己的讚許、對在世時的成就（被愛滋養的我們）而像花朵一樣綻放開來。因此，我們會需要反覆提醒自己，肉眼所見如此，但那看不見的心理力量，正在寵物內在萌芽、茁壯，這樣的內在力量能夠幫助牠面對身體的疼痛，勇敢面對臨終及往生後的道路。這樣的洞見很逆著人性走，畢竟我們是視覺的動物，但因為這個認知在陪伴末期寵物是如此的重要，因此我們需要反覆思考這點，去強化這樣的認知。

　　當我們接納自己的情緒，容許悶悶的感覺可以存在，不抗拒、但也不陷入，並且帶著一種認知：知道在肉體衰微背後，有一股看不見的力量，正在寵物內心成長著，滋養並支持著牠面對自己的生命道路，我們自然會處於比較安心的狀態。而這一分安穩，不僅可以讓處在我們身邊的寵物感到自在，也讓牠不必額外耗費心神擔心我們，這樣的狀態，即是我們可以帶給牠的、一個舒適的心靈空間。

「讓我為你說一個愛的故事！」
不只是四道

我們與寵物相處的日子，如同背包客在自己的旅程中共遊的一段，在真正的分離到來之前，透過居家對話，將牠未來一路上的所需通通打包，給牠帶上，讓牠不驚慌，並知道自己滿載家人的祝福離開。

打包心靈食糧──
照顧牠的心

　　對照顧者來說，陪伴末期寵物最大的挑戰，在於會經歷一段眼睜睜看著牠肉體日漸衰退的日子，卻幫不太上忙。過去能讓牠開心的互動方式，也不一定能奏效了。過去貪嘴的寵物，可能不見得再有好口慾了；喜歡出門散步的寵物，可能也無力撐起自己的身體，只能靜靜窩在自己的床上，或是躺在推車上讓照顧者帶出門，感受一下外界的氣息。

　　即使能按照寵物需求，打造一個符合牠心意的舒適環境，但大部分的人往往仍會有失落感，因為我們眼睛看到的，就是牠不能再像以前一樣了：不能再吃了、不能再站了、不能再自在活動了。看著寵物不若從前、甚至承受病痛的折磨，我們感覺牠在受苦，但又幫不上忙；想讓牠快樂，唯一知道的方法是讓牠的肉體好起來，偏偏這條路又行不通；或想送牠一針讓牠無病無憂、永遠睡下，但這個決定又需要很謹慎。就這樣，我們容易陷入無能為力的感覺，很難再讓寵物像從前一樣「快樂」，這是大部分照顧者會經歷的心裡的痛。

　　的確，如果我們狹隘的把快樂定義成「擁有健康的身體，做自己喜歡的事」，那麼這個階段的寵物，確實不具有快樂的條件。只不過，這樣太小看心靈的力量了。廣義的快樂是一種滿足、心裡溫暖的感受，感受是由心產生的，這是心靈最強

123

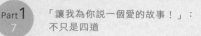

大的力量。在身體衰退之際，啟動幸福感的鑰匙不在他處，正握在我們自己手上。

生活品質，是醫療、日常護理的目標，只不過當生命越是走向終點、或是病情處於無可左右之際，肉體的衰敗無可避免，照顧者確實會面臨到一個窘境：過去會讓牠表現出快樂模樣的互動方式慢慢行不通了，然而，心理品質並不會就此受限；相反的，透過有意義的對話，我們能帶給寵物超越肉體的滿足感，這種形式的心理幸福狀態，並不會隨著外境的變化而消逝。

在人類的安寧領域，有個專有名詞叫做整體痛（total pain），意指當心不平靜時，會在生理上產生類似疼痛的反應，例如一個害怕死亡的末期病人，可能會有失眠、做惡夢、胸悶的症狀，而且這狀況是藥物也難以壓制的；但若病人心結得以解開，則可能某些症狀就自然緩解了，如同俗語說「心病還需心藥醫」，是一樣的道理。

動物跟我們一樣，有想法、有情緒、有感受，這從跟牠們的互動中也可見端倪，例如一隻沒安全感的狗，只要主人在家就能睡得四腳朝天；或是一隻熱愛飼主的貓，只要坐在大腿上或短暫的摸摸，就會看到牠瞇著眼、發出幸福的呼嚕聲。心理狀態決定整體感受，這無論在人、或是在寵物身上，都是顯而易見的。因此，通過居家對話，在牠們的心理層面下功夫，在陪伴日漸衰弱的末期寵物上，顯得格外重要。

在我認識動物溝通之後，才真正體會到，其實生命並非只有「一輩子」。每一個靈魂，無論是寵物或是我們自己，都是透過一輩子又一輩子，在

體驗著生命、學習著靈魂的課題。就像《還有心跳怎會死？：重症醫師揭開死前 N 種徵兆》這本書裡提到的：「死不是人生的終點，而是生涯的完成」。

　　我常比喻我們與寵物這輩子的關係，如同兩個背包客，在探索、歷險的旅途中，在一列高鐵上相遇，期間一起欣賞窗外美好的風景，分享彼此的生命經歷。我們有言語的交談、情感的交流，也互相陪伴，分享著食物、也把對方擺進自己心上。坐在這列持續行駛的列車上，如果沒有意外的話，通常寵物這個背包客要去的站點會比我們早抵達；就好比一

列南下的列車，我們預計是要到高雄站，而寵物背包客則是會在台中站先行下車。請試著想一下，在過去的生活裡，你可有當背包客的經驗？當說再見真正到來之前，你通常說著哪些話、做著哪些事呢？換句話說，你是以什麼樣的心態，去因應即將來到、但又還沒到來的分離呢？

有些人也許不喜歡離別帶來的低迷氣氛，因而假裝沒事、持續說笑聊天，直到列車到站又即將駛離月台之際，當關門警示聲大響，才在最後一刻胡亂抓了行囊，倉促鑽出門縫、跳上月台，留下車裡車外一片錯愕；有些人則是早早清點好行李，從容運用還有的時間，把握機會傾訴心裡的話，互留聯絡方式，再一起來個自拍，甚至討論起下一個行程的計畫，在列車即將進站前，到車門口彼此擁抱、互換紀念禮，在車門關上前，還有餘裕互道珍重、再見。

你會是哪一類型的人？面臨寵物的最後一段路，你希望帶給牠的，會是什麼樣的氛圍呢？你希望牠站在月台上，心裡感受到的是措手不及的慌亂，還是帶著你親吻的餘香，安心邁向下一個旅程？

很多人害怕面對，覺得「準備」就是要「說再見」，出於還不想說再見，因而拒絕準備；然而，準備的意涵並非跟牠說再見，而是通過準備，讓離別來臨時能有餘裕「從容以對」。分離是必然會發生的，雖然列車何時到站並非我們能掌控，但我們百分百能掌握的，是自己的心態。

我們應該鼓起勇氣，採取充分面對的態度，陪伴寵物直到抵達站點，並在牠踏上月台前，不疾不徐將牠未來一路上的所需通通打包、給牠帶上，替牠介紹未來會經歷的路途，使牠不驚慌、不害怕，並幫牠把過去的共同自拍照歸納在一個相簿裡，讓牠想起我們的都是美好回憶，知道自己滿載我們的祝福。

陪伴牠打包，
即刻開始居家對話

那麼，要如何陪著寵物一起打包呢？很簡單，你可以透過「居家對話」的方式，每一個照顧者在家陪伴寵物時，都可以隨時進行。即使沒有溝通師的協助，寵物也能分毫不差接收到我們的意念。因此，無論是直接對著牠訴說，或在牠身邊時於心裡默想，都是有效的。照顧者可以依自己覺得自在的方式進行。

1. 生命回顧

首先，我們可以在陪伴牠時，跟牠一起做生命回顧。寵物跟我們在一起，無論長至十幾年、或是只有短短的時光，過程中必定一起經歷了許多事情，可能是一起度過很多美好的時光；或是牠曾陪伴你走過人生的

低谷，在你人生失意的時候，成為你的避風港；或是牠什麼也沒做，但呆萌又真心的依偎，就足以讓你把一天的煩憂都暫時忘掉。有些寵物陪伴我們的時間較長，可能會伴著我們經歷人生不同的時期，從學生、出社會、談戀愛、失戀、進入職場、結婚生子、孩子離家後的空窗期、甚至我們的老年生活……在不同的時期，寵物對我們有不同的意義，這些都值得一一細數。

相遇的因緣都是獨一無二的，有些寵物可能是自小奶到大，或是領養來的、中途出感情收編的，或是老年帶回家享清福的。回首來時的路，除了看見一路上彼此相伴的點點滴滴，也會越發體會到，過去的相遇絕非偶然，因而對於寵物能夠來到我們身邊，更加心存感謝。

這些屬於你跟牠的甜蜜回憶，不會因為生命走到盡頭就被遺忘，反之，我們更應該將之珍藏在心裡，看到彼此間曾分享的美好、給彼此深刻而真摯的愛。人生的實相本來就是歡笑跟淚水並存的，不需要因為目前的痛苦就抹煞過去的美好，若有悶悶的感覺就容許它在那兒吧。再悶，都要好好陪伴牠，一起走過還有的寶貴時光。

開始帶著牠做生命回顧吧！帶著牠一起回憶過去，舉凡你們怎麼相

遇、成長過程發生什麼事、一起做過什麼、去過哪裡、牠愛幹嘛、你最愛牠幹嘛等都可以。與寵物一同進行生命回顧時，有一個明確的目標，就是帶給牠溫暖，如同一對步入禮堂的戀人，一起回憶著過去相識、相愛的畫面，重溫一路走來的感動。很多時候，當我們被生活、工作、人際的壓力淹沒，腦袋被就醫、照護佔滿時，便很容易忘記去感受，也容易忽略了在一起的幸福感。通過生命回顧，能夠喚起過去的記憶，喚起一路走來的悸動。

生命回顧除了讓牠和你心中感覺溫暖，也有助於提醒自己，即使現在牠的身體孱弱，但存在於過往的幸福感也是真實的。寵物在我們身邊曾經快樂過是事實，我們並非一直都是沒有建樹的飼主，生命走到這個階段的老化、病痛，也並非牠一生的全部。

你猜，寵物喜歡聽我們跟牠一起做生命回顧嗎？答案是肯定的。因為，誰不喜歡從最在乎的人口中，聽到關於自己的種種呢？開始在陪伴牠的時候，與牠一同生命回顧吧！這會讓牠感到溫暖，心裡湧現喜悅和滿足，這會為牠的善終打下基礎。

2. 細數牠的成就

寵物跟我們一樣，這輩子活著其實「做」了不少事。並非只有導盲犬、狗醫生這類肩負工作性質的動物，才有「做事」，才有「成就」。即使只是一隻不事生產的寵物，表面上看起來都是人類在供應牠，但在情感、心理層面，寵物給了我們很大的支持，這就是寵物一生中極大的成就。

不少飼主都有類似的感受，白天在職場上面對主管、業績難免會有不順心，但是回到家，只要看到寵物出來迎接、或是牠什麼也沒做只是靜靜待在你身邊，一天的重擔煩憂就都消失了，心情好了些，似乎又有力氣面對明天的挑戰。寵物是功力高深的療癒大師，不知不覺中就卸下我們心頭的壓力，一切都運作於無形之間。我聽過很多飼主說「我老公或我兒子都沒這個能耐」，的確，這麼艱難的工作，寵物竟然能輕易做到，這真的是很值得拿來說嘴的成就。

因此，你可以用口說的方式，對牠訴說牠這輩子的「成就」；也可以保持安靜，在心裡意念對牠「想」，兩者效果相同，寵物都會接收到。你該如何數算牠的成就呢？你可以告訴牠，你感受到來自於牠的支持是什麼、因為牠讓你產生什麼樣的改變、你從牠身上學到什麼，具體去描述給牠聽。

這樣的內容會讓牠有成就感，為自己這輩子感到驕傲，並覺得自己來這一趟很值得。即使接下來會面對生命下一個階段，是一個未知數，牠也能無畏無懼。

3. 四道：道歉、道謝、道愛、道別

如果你感覺自己內心有虧欠感，趁這個機會向牠道歉，這是重要的。當我們心裡面沒有罪惡感時，才能對自己坦然，並安穩如實陪伴牠走到最後一刻。道歉並不是自我批判，很多人會在道歉時越說越歉疚，越說越痛恨自己，這不是道歉的目的。坦白講，在人與寵物的關係中，道歉是為了我們自己，因為寵物從來不會咎責於我們；或者說，只有我們才會認為自己做得不夠多、不夠好，寵物的思維多是感謝。無論自覺多麼不足，那都是「我們覺得」，不是寵物真正的想法。在我進行諮詢時，幾乎每一隻寵物都心繫著照顧者，尤其是當牠們意識到自己將不久於人世，所表達的都只有感謝和愛，並且關心著我們的心情。

虧欠感是我們自行加諸在身上的，並非寵物的真實心意。然而，這樣真切的自責，會形成內在的糾結，當我們揣摩寵物的想法時，也會因此而扭曲。「牠一定在生我的氣」、「牠一定會怪我」，當我們帶著做錯事的感受在面對寵物時，我們的自尊是卑微的，於是每一刻的陪伴，會變得像在贖罪，感覺不到幸福，也難以讓自己成為寵物心靈的支持者（因為那需要坦然與勇氣）。

很多寵物在溝通時都表示，聽到飼主充滿罪惡感，會讓牠們也心生罪惡，或是感到另一種痛苦。首先，牠們會歸咎自己，認為都是因為自己才讓照顧者痛苦；其次，看到我們頭低低的抬不起來，牠們會很心疼這樣不堪的照顧者——牠們最心愛的人。鞭打自己並不會帶給對方幸福感，只會讓雙方都陷入無力的泥沼。

如果你心裡覺得對不起牠，或是客觀來說確實有疏漏，那就向牠道歉吧，畢竟人都有被寬恕的需求。重要的是，道歉過後，就會知道牠完全沒有怪你的意思，只希望你內心平靜，並且深深愛著你。然後，也請選擇放過自己，讓這個「因自己而產生的虧欠感」，交托於天地之間，就此終止。當我們內心坦然，才有足夠能量來支持自己與寵物，穩定陪伴牠到最後，也讓牠放心。

寵物很喜歡聽我們道謝、道愛，那會讓牠感覺自己被珍視、覺得感動。我通常在溝通時會替照顧者傳達內心的感謝，常常收到的回覆不是文字，而是感到身體一陣酥麻，像是我們看偶像劇女主角聽到心儀的人說「我愛你」時的典型反應。那是一種很感動、很窩心的感受，這正是我們希望可以替寵物打包進行囊的重要感受。

此外，透過感謝、說愛，讓我們對寵物的情感得以表達，這樣的表達無論是對說的人、聽的寵物都很重要。很多人想要在寵物過世前，透過溝通聽聽牠有沒有未盡的話，若是知道寵物在自己身邊是快樂、幸福的，多半會比較釋懷，也有種說不出的感動；同樣的，寵物的思路跟我們一樣，也喜歡聽到我們「未盡的話」，並因此感到溫暖。

事實上，如果你聽得到寵物說話，牠們對我們多半都是感謝、都是愛。我猜想，正是因為牠們對我們如此純粹，所以在我們的能量場投注了很多正能量，使我們常常感到不知名的喜悅、暖心。

道別，是必要的。很多人害怕說出再見兩字後，死亡就會即刻生效，因此對於道別或道別準備，都非常忌諱。其實不會的，我們的意念並沒

有強大到能夠點石成金，如果心想就會事成，那我們每一個人現在都中樂透、是億萬富翁了。

我們當然不需要每次跟寵物對話時，就一直說再見，彷彿嫌牠待太久、要牠趕快走。但越接近末期，勢必需要說再見，承認未來將分離。因為，死亡發生的時間無法預期，即使安排了安樂死，也不一定真能照表操課。

不少照顧者吃過突如其來的死亡的悶虧，使得「再見」兩字沒來得及親口對寵物說，成為一輩子的遺憾。回想生活中，我們的再見都是何時說出口呢？重要的對象必定是提前互道，甚至再加上十八相送。不要拖到寵物要斷氣前才道別，相反的，在牠還活著的時候，把道別帶進對話中，會讓彼此心裡更珍惜有限的時間，也讓寵物知道你有心理準備面對未來的分離。

事實上，寵物比我們更能坦然接受這個可預期的事實。若是照顧者閉口不談或不願意面對，反而會讓牠們感覺著急，知道所剩時間不多，所愛的人卻裝作沒這回事，直到分離的號角真正響起時，徒留來不及互道珍重的兩造。這種遺憾不止在世的人會有，過世的寵物一樣會為此感到錯愕。寧可道別說在前面，讓彼此還有餘裕互相珍重。

有些人道別的方式不是說再見，而是趕快叫對方走。雖然很捨不得

跟牠分開，但我們也都不忍心看到寵物受病苦折磨，如果你也是這麼想，記得說的時候，重點放在你對牠的疼惜、還有你會把自己照顧好，而不是說「你就趕快走」，並且最好先以前面提到的對話內容作為基礎。

有時在安寧溝通時，照顧者只是一直對寵物強調「如果很痛苦就趕快跟菩薩走」，卻沒有其他柔性情感的交代，這會讓寵物產生不安的感受，彷彿自己是沒用的、不再被需要，或有要牠拍拍屁股就走人的錯覺。我們心裡都清楚這不是我們的初衷，那就讓表達更加直接易懂吧！

或許，「我希望你能從痛苦中解脫，不要因為顧慮我而多受折磨」是我們真正的心意，也是我們情願承受分離的傷痛，給予寵物最仁慈的允許。但是記得，寵物在獲得我們的同意之後，牠也仍會有所牽掛：如果牠真的搭上光的列車，啟程向靈魂的下一階段邁進，那牠所愛的人會把自己照顧好嗎？我們畢竟是寵物在世時最愛的人，是牠們留在世間的寶物，因此，我們需要向牠保證，我們會接手照顧自己的任務，這會讓牠們放下心中的石頭，對我們真正感到放心，也就是「心無罣礙」的意思。

不過我們也要記得，這番對話最大的目的是讓寵物放下心中罣礙，但不代表牠聽完後就能立即往生。生命到何時自然終止，這畢竟是老天的事，寵物雖然是當事人，但牠也並無決定日期的本領。若是選擇自然臨終，我們所要做的是學習安住自心，在過程中將自己的焦慮交托出去，尊重更大的生命安排。適切的道別雖不會加速寵物往生必經的過程，但能夠讓牠心無罣礙，減少寵物硬撐的情形。

4. 前行引導

　　將人世間的感恩與愛都打包進牠的行囊，並且道別，讓牠知道你有準備之後，記得提醒牠往後的道路。如果你的信仰是偏向佛教，那就跟牠介紹阿彌陀佛。阿彌陀佛就像導遊，引領往生者前往西方極樂淨土。有些人會在寵物身旁擺佛像或照片，這樣很好，但除此之外，還要跟牠介紹阿彌陀佛，包括祂是誰、長什麼樣、給你本人的幫助是什麼（增加牠對阿彌陀佛的親切感）、會怎麼來接引，然後叮嚀牠，往生時跟著金光／阿彌陀佛而去。我們自己了解的越多，提供給寵物的資訊就越詳細，有點像是背包客要出國前，預先把旅途中的食宿交通都先做一番功課。

　　如果你的信仰是基督教，那就把對象換成耶穌或是天父——把那位帶給你心靈力量的、你依託的對象，介紹給即將前行的寵物，讓牠知道牠的下一站是回天堂去。如果你沒有信仰，那也無妨，請跟寵物說，牠會回到光跟愛中，在那裡無病、無痛，只有寧靜、沒有痛苦。

　　以上提到的各種話題，可以反覆、交雜著進行，沒有特定順序，也可以重複講述。怎樣進行都沒有問題，請放心。

　　粗重的身體需要食物支撐運作，微細的心靈也需要糧食使其飽滿。在這個階段，上述的對話就是寵物的心靈糧食，即使牠還沒有臨終，也沒有關係。因為生命回顧、成就感和意義，以及聽你親口說愛，永遠都不嫌多。介紹導遊、說再見也不嫌早，因為有聽過、說過，離開的時候才能從容。肉身只是軀殼，最終唯一能帶走的是心的豐盛，預先打包，隨時被接走上路都能優雅。

　　所以，這樣的對話，可以現在就進行（無論你的醫療決策是什麼），
這將幫助牠在經歷身體的不適時，心裡卻能充滿正念。若是牠正在處於
臨終，即使意識不清也還是能清楚接收；總之，這樣的對話能協助牠整
理自己、也對你放心，並知道自己未來的道途，這即是我們能做的最慈
悲的付出──為牠的善終打下基礎。

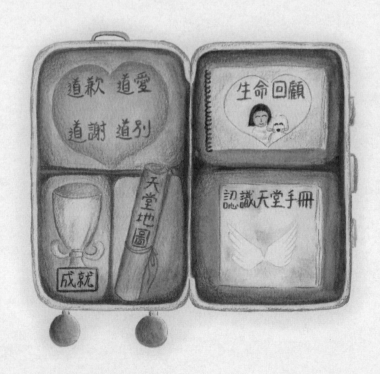

「你想要安樂死
或自然死？」
關於死亡，難以開口的詢問

寵物的生命走入最後一個樂章，很多事情都
不是我們熟悉的了，也因此，更需要預先了
解，才有足夠時間釐清需求、評估優劣。即
使進行動物溝通，飼主也需要有通盤的認識：
安樂死的準備及注意事項、自然死亡會面臨
的瀕死徵兆，都是身為送行者的我們，需要
具備的照護知識。所有的準備，都是為了善
終的那一刻。

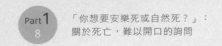
「安樂死」，恐怕是所有照顧者都很怕從醫生口中聽到的詞彙。當醫者在臨床的現場提出安樂死的建議，或是看似不經意與你討論起安樂死時，那其實意味著在醫生的評估中，寵物的生命階段已經來到末期中的末期——也就是接近臨終，或者那是一種如雷般的暗示，一種發出病危通知的方式。

其實我們不想聽到的並非安樂死三個字，而是它與我們沾上邊時，意味著毛孩將會在有限的時間內與我們離別的事實。死亡，令人難掩傷痛。

早期社會對於動物的臨終看法，是認為動物會按其本能找一個藏身之處，自己經歷臨終到死亡的過程。有些人因為信仰的關係，希望能尊重生命，使其自然臨終；有些人則認為，緩慢而綿長的瀕死過程對於動物本身是沒有意義的，為了不讓寵物在真正死亡前多受折磨，安樂死成為一種「人道」的方式，避免經歷瀕死階段可能發生的各種不確定狀態。

我認為，當我們思量著該讓末期寵物安樂死或是自然死（有良好安寧照護基礎下的自然死亡）時，最重要的是能帶著開放的心去看待與評估，每個家庭在照護方面能提供的客觀條件皆不同，也會牽涉到照顧者的信仰或價值觀。

當我們在探討安樂死、自然死時，背後的心意都是希望找到一個較理想的方式，使寵物的臨終較有溫度，使死亡較不冰冷，希望牠從生到死、從死到往生，過程不要受太多的苦。

然而很多時候，出於我們排斥去想到可能的分離，又對死亡有不好的

觀感，花太多時間在無效醫療，又花太少時間去為可預期的分離做打算，因而沒有給自己太多機會事先去了解：

❶ 當寵物的生命走到尾聲，牠的生命跡象會有哪些變化，會發生什麼事？
❷ 如果發生了，該如何因應？面對漸進的死亡過程，我有哪些選擇？
❸ 各個選項是如何進行？
❹ 其中的得失利弊？根據客觀條件，我能否給得起最想要的選擇？

在你能分析與評估怎樣的選擇最適合之前，需要先搜集資料，需要時間思考，你或許也需要時間與家人討論，以達成共識。先花些時間做準備，可以提高對事情的掌握度，即使日後備而無用，也不會可惜。因為真的遇到了，或甚至死亡來得突然，你也都能從容以對，並處理得完善，將遺憾減到最低；但若是因為不想面對，不聽、不聞、不預備，那麼往往遇到了，就只能在措手不及中慌亂以對。

事務性的了解與準備

關於安樂死的各項細節，包括了適用的評分方式、建議執行的時機、施作的流程步驟以及產生的效果，甚至是提早規劃安樂死前的各項事宜：包括什麼人要在場、在哪裡進行（醫院還是家中）、如何跟幼年的孩子解釋、是否讓家中其他寵物參與、找哪位醫師執行、預約需要提早多久等。為了讓自己屆時不要慌了手腳，你可以將身後事一起規劃進來，例如：大體要在家中擺放多久（或可以在醫院陪多久）、想委請哪家寵物安樂園處理，需要提早聯絡嗎？當天聯絡是否能當天火化，或是進冰櫃你不介意等……**安樂死的流程，請參考附錄，**P. 318

有些人會擔心，寵物還活著，自己卻已經在為後事做準備，這樣會不會對不起牠？好像牠還沒死我們卻在唱衰牠。其實完全相反，因為若是未經準備，在寵物臨終時必定會手忙腳亂，沒時間做通盤考量，在情緒高張的情況下，也無法靜下心來評估自己的需求。

很多沒有事先規劃的飼主，回想起來都說，事發當下只能記得什麼就做什麼，或臨時打電話向朋友求助，過程不免草率，事後想起來，對於當下所做的決定會有後悔的感覺。

為了寵物，你需要穿越自己的恐懼，因為接下來你們的共同命運，是掌握在你手上的。即使你做了動物溝通，了解了寵物的心意，但事務性的事項規劃與安排，仍舊是飼主需要負起的責任；就算你希望全權按照寵物的心意辦理，至少，你也是那個對外接洽的窗口。

照顧者在這個時期，其實身兼多重角色：對外是飼主，負責決策與發落；對內是家長，負責權衡輕重，為心愛的毛孩做出最合宜的選擇，也是自己承擔得起的選擇。某些人像秘書，負責傾聽寵物的主張，盡可能按照牠的想法去執行；有些人則像即將失親的孩童，惶惶不安、無法思考。的確，多重身份的轉換確實會有些辛苦，特別是面對這麼沉重的事，我們既要把內在的情緒風暴暫時擱在一旁，還要能把理智喚出來工作，這確實並非每個人慣常運作的模式。

找到對的對象，
陪你諮詢、討論

　　不過，你不孤單的。因為，社會中有不少管道能提供資訊來源。首先，是你的獸醫，主治醫師最了解寵物病情的變化，當他在言談中提到「安樂死」、引導你思考後事安排、或是直接跟你說「你要放下，牠才能安心」、「多抱抱牠吧」，這些都是婉轉的病情告知。

　　如果你對安樂死或自然死方面有任何的不清楚，都可以詢問你的獸醫師，他會很樂意回答；如果對哪個環節有疑慮，都能請他為你釋疑。在診間裡，獸醫師通常會觀察飼主當下的反應做適當的溝通，如果飼主很抗拒、很迴避，或情緒化、甚至有失控的傾向，那麼通常就只能點到為止了。但是如果你很清楚自己需要哪方面的資訊，並向醫師尋求諮詢，大部分的醫師都會很樂意與你一起討論。

　　台灣目前也有專職的到府獸醫師李明翰醫師，能陪同飼主進行安樂死前的完整評估，及提供到府安樂死的服務。對於希望是在最熟悉的家中，由最熟悉的家人陪伴直到最後一刻，這是一個很體貼的資源。有需要的飼主們可以善加利用。

　　此外，你也可以詢問有過類似經驗的照顧者，聽聽他們的心路歷程。養狗的飼主或多或少會認識一些狗友，可以從自己談得來的狗家長開始詢問起；若是身邊較少飼養寵物的同好，或是你自己忌諱、不知如何在面對面的情況下開口問，社群媒體就是很好的工具。有些照顧老年寵物的社團，在臉書、LINE 都不乏可見，成員大多樂於分享經驗，在社團中

或許可以聽聽別人的心路歷程。另外，因為面臨過相同的情境，通常因同理心而起的安慰心境，也是不錯的附加好處。

另外，除了與人討論以外，關於寵物安樂死的議題，台灣也有平面刊物進行深入的報導。雜誌《窩抱報》於 2019 年出刊的《毛孩安樂死專題》，不只對於安樂死議題進行專業的探討，也提供很多值得照顧者去思考的面向。一般人在閱讀這類內容時，最怕過於學術性的研究用語，或是過於悲傷卻沒有建設性的呈現；在這本專刊中，我個人讀到的是清楚的脈絡，不同角色對安樂死的觀點，以及過來人的心路歷程，加上心理師淺顯易懂的悲傷輔導說明，讓這個沉重又難以被討論的議題，以溫暖、成熟的愛的樣貌呈現出來，提供讀者多方面的思考。

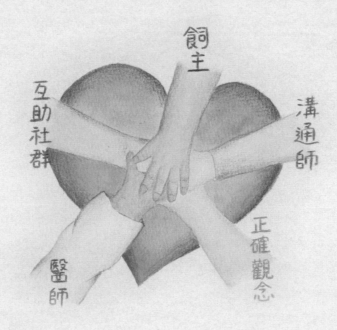

不過，即使能從多種管道獲取資訊，我們還是得要有自己的主張。獸醫師通常是由他看得到的客觀狀態給予指導和協助，飼主互助團體則是根據自己過往的經驗給予主觀的建議，兩者的角色和功能還是稍有不同，我們自己要能辨別得清楚。

另外，建議終歸是建議，最終還是要回問自己：對於結尾我的期待是什麼？怎樣的方法較能滿足這樣的期待？這會是我們在評估與決策時，最重要的核心考量。

透過溝通與寵物談安樂死前，要有通盤了解

有時末期寵物的飼主來諮詢時，會問及寵物本人對於安樂死的意願。我一定會先回問，照顧者本身對於安樂死的認知清不清楚？是否了解安樂死它是什麼、如何評估適用性、進行時間的正當性、以及執行的細節。這些，都是在詢問毛孩意願前，自己要先清楚的。

為什麼？不就是問牠本人要或不要嗎？我們自己知道那麼多要幹嘛？正因為寵物是當事人，要牠做一個攸關自己生命的選擇，牠當然有權利先清楚知道，要做在自己身上的是什麼？會如何發生？照顧者身居最終決策、執行的角色，也應該要知道會發生在自己和寵物身上的是什麼，而不只是停留在一個模糊的概念裡。

越是清晰，才越有力量。面對寵物生命的最終章，我們需要提起勇氣面對很多的未知，而事前的了解、搜集資料，是能夠將恐懼降到最低的

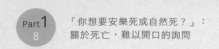

方法之一。當然最終，你還是得回到自己。在生命最後的階段，問問自己想要給予寵物的是什麼？你希望牠收到的是什麼？能怎麼具體執行來滿足以上的條件？

如果，一切都能按照你的期待發生，那麼你和你的寵物是很有福氣的；如果，最終你的期待落空了，心中那種完美的死法因為無常的攔截而沒有發生，你也對得起寵物跟自己了，因為你知道自己盡力了。回頭來照顧自己的心情，最終，還是回歸自己的內心。

事前做準備，
給自己從容的機會

寵物的生命進到最後一個樂章，很多事情都不是我們熟悉的了，也因此，更需要預先了解，才有足夠時間釐清自己的需求、評估優劣。

人生中有很多事情無法掌握，其中最無奈的，莫過於沒有選擇。關於寵物末期生活的整體照護、臨終關懷，這幾年已多出很多資源與資訊，讓寵物與飼主得到較多的支持，得以面對這段困難的非常時期。但前提還是要願意先跨出心中的恐懼，主動去接觸這些資訊，讓自己在未來擁有較多的選擇權，不是被迫接受有限的條件，即使不喜歡，也無法說不。

談到死亡，傷心、情緒總是難免，但若是因此避而不談，將可能付上更大的代價。準備，並不會招致死亡提早發生；準備，是讓我們有足夠的能力，去因應未來的變數。即使最終一切平順，對於安樂死的準備並沒有派上用場，也為自己和寵物爭取了從容的感受。我們需要積極的參

與每個環節，讓善終成為可能。

不過我也想強調，若沒有心情安寧為基礎，無論選擇安樂死或隨其自然往生，心情多較難以釋懷。反過來說，因為給自己和彼此有充裕的時間調適與準備，也就是 Part1 中提到的所有環節，在面臨離別時，心境較能坦然。此時無論是陪伴到自然斷氣、或以安樂死方式送寵物一程，才較能為人接受，也才是善終所指之意。

另外，有些人在評量之後，最終仍會選擇讓寵物自然死。自然死的時機是不可控制的，有時候會發生在家人都不在身邊的時刻，只有專職照顧的飼主，較有機會陪伴寵物到嚥下最後一口氣的那刻（但也滿常聽聞發生在照顧者短暫離席時，如上廁所、洗澡）；安排好的安樂死，可以確保寵物是在主人懷中、家人陪伴下過世。

瀕死徵兆及階段表現：
四大分解理論

過去台灣的獸醫專業訓練裡，不包含協助瀕死寵物度過自然臨終的過程。然而，不曉得死亡會如何發生容易讓人恐懼，這對身為家人的飼主而言，尤其如此。當我們面臨需要為心愛的寵物決定生死時，被恐懼脅迫恐怕不是個好主意，恐懼總讓人慌了手腳、無法做出明智的判斷。

不過，若是願意敞開心胸來認識關於死亡的教導，這樣的困境是可以被扭轉的。至少，我們不會被「突如其來」的死亡殺個措手不及，也較有依據準則，利用有限的時間，為寵物及自己做善終準備。

接下來的篇幅中，我將以四大分解的理論，介紹寵物瀕死時常見的徵
兆及階段表現。這個篇章的重點，除了協助評估自然臨終的可能性，也
有利於照顧者在陪伴過程中，得以辨識到死亡的進程，在面臨臨終時，
比較不會因無視於各種徵兆，被死亡那刻嚇得措手不及。無論最終是以
安樂死、自然死亡（有良好安寧照護基礎下的自然死亡）、先安寧再安
樂死，最重要的都是把握有限的時間，好好生活，好好道別。

我們可以將四大分解的理論，視為瀕死時的生理變化指南，有了這個
依據，便能盡可能降低照顧者在陪伴過程中，因為不清楚、不確定所產
生的茫然和恐慌。雖然看到瀕死徵兆一條條的出現，心情難免還是會感
傷，但因此知道時間有限，能把握還有的時間為寵物打包，讓自己減少
遺憾。此外，了解身體在瀕死階段會有哪些變化及發展，確實能讓照顧
者比較心安。

人類或動物在臨終過程，會經歷四大元素的分解消融，這樣的詮釋方
式來自於佛學的經典。經典記載，肉身是由四大元素──地、水、火、

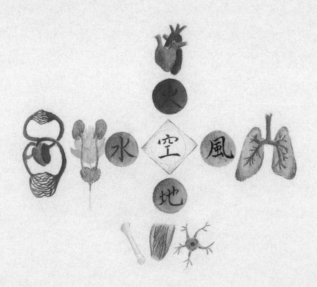

風──和合而構成。在死亡過程中──從有生命銜接到無生命的臨終過程──這副肉身會經歷「四大分解」的崩解現象：隨著全身器官系統逐漸衰竭，瀕死徵兆會漸次出現，這意味著生命即將終了。

註：出自《生死奧祕，十六個生命的靈性對話與臨終學習》，三應出版。
其他參考：《以五元素的觀點，認識瀕死過程》Ella Bittel，2009 UC Davis 之國際獸醫安寧照護論壇

四大分解的詮釋方式，是以四元素一步一步分解、消融的過程去認識瀕死徵兆、解釋臨終的歷程，和照顧者可能看到的呈現。四大分解的詮釋方式也可以對應到現代醫學的架構，以各個生理系統的觀點，較為簡易的歸納出瀕死時各系統衰竭的順序，在人類安寧專科裡也多有著墨。

因此，即便你不是佛教徒、或對看似形而上的元素概念不以為然，仍舊可以藉由本論述提供的大方向，去理解寵物死亡的進程。同時我也想強調，大部分的時候，死亡並非驟然發生，而是一個逐步、漸進的過程。

四大分解的論述，協助照顧者辨識寵物正處於哪個瀕死階段，並能根據該階段的生理、心理特性，提供有效、紓緩的身心幫助。若你希望為寵物的末期生命帶來良好的陪伴品質，下面關於四大分解的介紹會對你很有幫助。同時，若你希望獲知更多資訊，我鼓勵你朝向人醫的安寧領域探索；動物的生理表現雖與人類稍有不同，但大體而言──尤其是瀕死的過程──相似度是很高的。

在良好的安寧醫療支持、照護之下，寵物是有機會平順的自然死亡；不過，個體差異確實存在：疾病的類型、寵物的個性、照顧者本身能提供的客觀條件，以及各種因緣聚合之下，都會影響寵物瀕死時的呈現。

以疾病特質而言,通常若是嚴重的貧血、肝臟問題,足以讓寵物陷入看似昏睡的昏迷狀態,視覺上看起來是比較平靜的;相對的,心肺衰竭、腎衰竭在斷氣前的變數較多,臨床呈現通常看起來較為慘烈,這也是獸醫師會提出安樂死建議的原因之一。加上台灣的獸醫教育目前沒有系統性的安寧緩和醫療專業,全靠獸醫的個人進修和臨床經驗,因此若你比較傾向在緩和醫療的支持下協助寵物能自然死亡,會需要找到認同這個理念的獸醫加以協助。

找到能支援自然死亡的獸醫師是必要的,但同時,事先熟知安樂死作為備案也是必要的,包括事前進行整體性的評估、屆時能向誰尋求協助(以及該單位的作業流程)、適合執行的時間點、執行的地點,這些都是我們在為寵物做善終準備時不能遺漏的部分。

所有的準備,皆是為了讓寵物在經歷臨終過程時得以平順、安穩。當然,無論選擇哪一種,事前的心情照護、居家對話(也就是貫穿全書的主題內容),是跨越肉體消長的精髓,也是心情安寧、達到善終與善生的精神所在。

瀕死(也就四大分解)是一個過程,不同階段有不同表現和需求。屏除毫無徵兆的意外、或拖太久才就醫的情況,通常寵物在被診斷為疾病末期時,一般而言仍舊會有一段能照常過日子的時間,維持確診前的作息及活力狀態。此時正是心情安寧該介入的最佳時機,讓彼此有充分的時間作心情調適、心意傳達及交流,及為將來的分離做各個層面的預備。

隨後,會有一個明顯的「關機階段」。在這個時期,身體是全面性的

功能衰退，如同我們在生活中要去外地遠行前，會將所有房間的燈、瓦斯、電源總開關全都關閉；肉身來到這個階段時，會主動關上所有原本維持生命的生理功能，步向終止運作。這個階段的時間長短因人而異，在動物較常見的是幾個小時，但有些也可能短至幾分鐘。

在這個最終的時期，照顧者不需要再多介入什麼了。在此時能做的——為寵物帶上的最好伴手禮——是成為讓臨終寵物心無罣礙的助緣：把我們在居家對話的內容重複跟牠說，並告訴牠所有的身體不適都是暫時的，過後牠就會無病無痛的解脫了。讓牠知道分離雖讓人不捨，但往後我們會照顧好自己，請牠對我們放心，與牠道別，允許牠可以轉身朝向生命下一個階段邁進。

同時，儘量保持自己的穩定，溫柔的陪伴在牠旁邊，讓自己的狀態與環境氣氛是安詳、寧靜的。不要刻意局限住或搖晃寵物，因為此時的牠們正如蝴蝶要破繭而出，從肉身的禁錮當中解脫出來，這需要我們刻意的維護和支持，不激動、不慌亂就是對牠們最好的支持。

感受到分離真的要發生了，若要完全沒有情緒波動是強人所難，不過若是事前留有充分的時間準備，跟隨本書介紹的心情安寧步驟與寵物對話（包括生命回顧、細數牠的成就、四道及前行引導），此時的你會較有能力穩定的臨在當下，聚焦在愛、感謝及對牠的祝福，如同那個送牠到月台、臨別前還能深情一吻的背包客一樣。

肉身的功能從油盡燈枯直到功成身退、任務完成的過程，在臨床表現上會有不小的個體差異，有些平緩而順利，有些則較為激烈，這跟孕婦

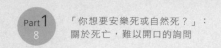
生產過程中當事人的體驗有些類似，確實也是因為這樣的不確定性，讓飼主、獸醫希望能夠藉由安樂死，避免最不平順的情況發生。

接著我會根據動物臨終時的臨床表現，按照四大分解的理論架構——也就是地水火風的四大元素系統，來介紹四大分解時相對應的瀕死徵兆。

地解：地元素的分解與消融

地元素（earth），代表身體中最結實、質地飽滿的部分，像是骨骼、牙齒、指甲、肌肉、皮膚；若以生理系統來看，地是肌肉、骨骼、神經系統的總和。

當地元素開始崩解，身體會變得「較不飽滿」，例如體重明顯下降，即使動物吃很多也都不再長肉。通常照顧者會觀察到動物明顯消瘦，骨瘦如柴、皮包骨是我們常用的形容詞，這在極度年老或末期動物而言是很典型的生理變化。若是對安寧緩和醫療不熟悉的人，常會誤以為是寵物吃得還不夠、或是不夠營養所致（也有不少寵物是食量不變卻明顯變瘦），這其實是地元素正在崩解的現象，身體維持質量的功能漸漸在衰退，此時灌再多也無法為身體所用，更遑論逆轉整體的生理機能。

有時候，食慾不振也會出現在這個階段（不過我也見過在自然往生的前一天仍保有口慾的）。如果疼痛控制做得好，食慾減退通常並非出於身體不舒服，僅僅只是沒有想吃的興致，寵物大多不會因此而產生痛苦感；然而，對於不熟悉地解現象的照顧者而言卻是極度的困擾，一般人常把瀕死寵物的不吃跟飢餓連想在一起，例如「牠以前那麼貪吃現在都

不吃一定很餓」、「牠快死了是因為牠都不吃」，殊不知這也是在人類的安寧領域中，家屬最常見的迷思之一。

事實是：一個瀕死的軀體，不再需要能量的進駐和維持了。不過，不再進食不代表寵物就此不想活了，即使停止進食，通常只要還有一口氣在，牠們還是會持續體驗著周遭的環境、與我們交流。

地解相當於肌肉、骨骼、神經系統的衰竭，因此其他常見的地解初期表現，還包括了疲倦、體力變差、需要睡眠的休息時間拉長、無法撐起身體、行動遲緩、動作沉重、行走不穩容易跟蹌或整個倒下、不明原因顫抖、失去對肌肉細緻的控制能力（像是舌根不靈活，感覺舌頭變成大大厚厚一片，吃喝易嗆到）、吞嚥困難、眼球內縮，和因身體無力而改變排便與排尿的行為，不方便移動只好就地讓尿流出來，或半路尿就忍不住流了下來（一般人認為的尿失禁）。

當寵物的肌肉明顯變得無力時，例如輕癱、無法維持站或坐姿，像灘軟爛泥巴一樣倒來趴去，此時需要留意牠頭放的姿勢，記得不要讓牠的頭不自然彎折到（牠自己喬的姿勢則不在此限），保持呼吸道暢通，必要的時候可以墊個枕頭或軟墊，以增加舒適感。有些寵物可能會眼半睜或一直睜大著，我們可以適度調節室內的亮度，使光線不要太亮而過於刺眼；在人的安寧病房有時會輔助以人工淚液潤濕眼球，不過若是此舉對寵物的干擾過大，例如牠會抗拒、或是覺得會讓眼睛四周霧霧稠稠的，若將舒適感考慮在內的話，也許不是必要的措施。

當地解的程度到很極致時，肌力通常所剩無幾，身體通常就是軟趴趴

的、沒什麼力氣，寵物也常常會停留在上一個休息的姿勢、或是你幫牠擺好的姿勢。一般來說，在輕癱前期，照顧者通常會需要定時幫寵物翻身以減少褥瘡；不過，當來到地解的後期，寵物看起來會像進入深度沉睡，也就是臨床上說的彌留狀態，此時就不太需要頻繁去翻動牠，以維持牠的舒適度。

水解：水元素的分解與消融

水元素（ water ），代表身體裡液態的部分，像是尿液、口水、血液、與淋巴。若以生理系統來看，水包含血液循環、淋巴及泌尿系統。

當水元素開始消融時，維持身體濕潤的體液開始變得乾涸，也就是身體會開始有脫水的現象。口水分泌變少（加上舌頭也不靈活），你可能會看到牙垢沾黏在牙齒上，此時可以用沾了水的中型棉花棒幫牠清理，也順便潤潤嘴巴，如果牠願意的話。

上述的情況有可能在地解階段就出現，不過水解階段還有一個要點：此時動物的注意力會開始向內收攝，過去對環境內的一舉一動高度警覺的寵物，開始對叫喚自己的名字沒有反應、或看起來對周遭發生的事興趣缺缺，深度熟睡也不容易叫醒，就是像木頭一樣杵在那，看不出太大的喜怒哀樂。

此時的瀕死寵物，外觀上看起來安安靜靜像是在昏睡，然而，牠們的內在正經驗著豐富的經歷，很多內心戲一幕幕上演著。在人的安寧統計裡，此時的病人正處於一種「神遊」的狀態（一般人會將其視為出現幻

覺），可能會訴說自己看到過世的親人、朋友或是親近的神佛，這在臨床上是很普遍的現象，全世界的瀕死病人不少都有這樣的呈現。

在身體還有能力時，維持體內的含水程度是必要的，如同教科書教導醫師們，要偵測患者有沒有脫水，並適時補充水分，無論是施打點滴、或是經口餵水。然而，對於處在瀕死階段的臨終病人，這樣的概念則如同飲食一樣有些不同：把過多的水分給予已失去調節體液能力的病人，不只可能造成當事人的不舒服，還可能將死亡過程拉得更加緩慢。

當身體調節體液分佈的能力逐漸下降時，過多的水分便會到處堆積。因此，若是寵物打皮下都不吸收，就表示水解已經開始了。此時輕則堆積在皮膚與肌肉間造成皮下水腫，嚴重的則是積到胸腔裡，造成肺水腫、肺積水、胸腔積液，反倒會使寵物呼吸困難，徒增不適。

也就是說，若我們忽視身體機能漸漸在關閉的訊息，抱持著只要活著一天就一定要做點什麼醫療行為的話，可能會增加瀕死寵物的痛苦感。安寧緩和醫療的方針，就是儘量減少醫源性的傷害，讓臨終者能夠以最舒適的方式安然往生。有時候，不是醫生放棄治療，而是醫生不進行無謂的、沒有好處反增痛苦的不適當醫療行為。

此外，根據研究顯示，當人體內的含水程度下降──也就是輕微脫水時──反而會產生一種欣快感，因脫水會讓體內的酮體濃度上升，產生止痛的效果，所以身體會有輕鬆、輕飄飄的感覺；此時若給予葡萄糖，則將會抵銷這種欣快的感受。對照顧者而言，總會很心急的覺得要打個點滴、注個營養針對牠才好，不然就等於放棄治療；其實，對於已處於瀕

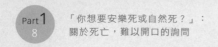

死階段的寵物，也許「少即是多」的概念，更能協助維護臨終的品質。

當寵物開始堅決拒食、也不願意喝水時，通常意味著死亡約略會在一至兩天內發生。在安寧的階段，若是動物從原本會主動喝水，到不喝水、也拒絕被灌水時，這差不多就是一個停止給水的指標。

處於水解階段的動物，也常見迴光返照的現象。像是突然間似乎好轉許多，沒胃口的突然又嘴饞會討吃了，輕癱的突然又能起來走幾步。不少經歷過寵物臨終前迴光返照的飼主都表示，在那當下，以為神／菩薩終於聆聽到心中最深的呼求，覺得「牠一定是想活下來！不想要我放棄牠！」於是立即轉換醫療策略，希望醫生一定要積極治療到底，卻面臨隨後生命跡象的急轉直下，感覺老天給自己開了個大玩笑，如同被高高捧起，而後卻重重摔下。心情的轉折，很是折騰人。

這樣的現象，有點類似「歇業前跳樓大拍賣」的概念，在店家終止營運前出清存貨，或像有些餐廳會公佈停止營運的日期，在那之前歡迎老顧客前來敘敘舊，重溫過去美好的回憶。

身體在即將停止運轉前，會將剩餘的生命能量全數擠出，瞬間看起來生理功能像是恢復了昔日的光景，好似燦爛的煙火在天空勾勒出美麗的輪廓，但霎那的綻放也預告能量已將用盡。這樣的曇花一現，常使得不熟悉臨終前會有此現象的照顧者，誤以為寵物起死回生了、還有得救；然而，這僅止於是一個誤解，此時的寵物其實正在死亡，而且通常隨後而來的身體垂弱會來得又快又急，因為身體把剩餘的生命能量都用完了。

也許，我們可以把迴光返照看作是生命帶給彼此的美意：突然之間又重拾了活力的寵物，能夠以最燦爛的笑臉，向我們道別，而我們也能夠永遠記住牠開心的模樣，那是牠曾因為你而有過的美好，不會隨著死亡而被抹滅。

當血液循環、淋巴循環、泌尿系統的功能不再時，與水有關的進出調節都會出現混亂。除了上述的現象以外，無論是水腫或脫水（看起來乾巴巴的），眼球看起來好像有一層霧霧的膜（角膜水腫）、寡尿或無尿，這些也都是水解階段的反應。

火解，火元素的分解與消融

火（fire）的特質是帶來熱及熱量，因此火元素表現在身體上，指的是維持身體體溫（熱能）和新陳代謝的能力。火解在醫學上，屬於「循環系統衰竭」。

經歷火解的動物，體溫會開始下降，肢體末端、耳翼是最常開始產生變化的部位，四肢冰冷、耳翼冰涼，有時候你也可以從牠呼出的冰涼氣息察覺到。此時動物可能摸起來涼涼的，但牠本身的體感溫度可能反而是熱的。這樣的內外差距有點類似感冒發燒的人，雖然體表摸起來是熱的，但卻畏寒、身體感覺異常冰冷。對於溫度，內與外的客觀狀態與主觀感受，有著兩極化的差異。

通常馬達經過高速運轉之後，在關上電源、機身停止運轉前，都會需要（或內建）怠速一段時間，使之前產生的高溫、高速慢慢降下來，讓

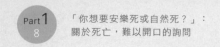

整體運行漸緩，才不會因為嘎然中止而造成耗損，在我們的生活中，冷氣機、暖氣機、除濕機等都有這樣的設計。

作為一個井然有序的有機身體，運作的方式也很相像：生物體在瀕死時，體溫也會慢慢下降——如同準備終止前進入送風的暖氣機，使體內所有的運轉都能緩慢下來——這讓整體的新陳代謝都慢了下來，準備進入休眠。所以這個時候保溫是值得商榷的，若你為牠蓋了被子，但牠掙脫了，則表示此時的牠並不需要。

失去溫度的身體，也會使得腸胃道的消化功能喪失。不過，若是寵物早早就拒絕進食，喪失消化功能較難以肉眼觀察出來；但有些則會出現藥物也無法逆轉的下痢、胃食道反逆或嘔吐，這些都意味著胃腸道的崩解，不再進行消化需要的蠕動。

風解，風元素的分解與消融

風元素（ air ），代表著身體的氣息，也就是呼與吸之間的那口生命之氣。在醫學上，風解是呼吸系統衰竭的表現，因為腦部功能衰竭，尤其是控制呼吸中樞的腦幹自我調節能力受損，因而讓呼吸改變。當風元素開始消融時，動物的呼吸狀態會產生改變，這樣異於平常的呼吸方式會一直持續，直到牠呼出最後一口氣為止。

正常呼吸時，吸氣與吐氣的時間比是一比一；風解的前期，可能出現間歇性的喘、呼吸急促、張口呼吸、呼吸費力；有些瀕死的寵物會發出「瀕死嘎嘎聲」（ Death Rattle ），這是出於喉頭水腫，咽喉處氣道變得

狹窄，呼吸氣息通過時產生的聲音。

屏除患有心肺衰竭、越來越喘的末期寵物，之後吸氣會變得較短，呼氣會變得較長，呼吸之間的間隔將會拉長（頻率變慢）。此時，記得保持環境的寧靜，通常在這個時候，叫喚名字也不一定會有反應了。

有些動物會就這樣平平順順的過去：呼吸越來越慢，吐納的幅度越來越小，直到慢慢停止，生理的生命跡象也跟著停止，這是大家對自然死亡最美好的期待。不過，如同產婦的產程經驗因人而異，有很大的個體化差異，動物在這方面也一樣。

在呼吸停止的當下，有些動物可能會伴隨著身體、四肢的僵直，頭強直性的往後仰，也就是俗稱的「角弓反張」。這個狀態會發生在斷氣的瞬間，不會一直持續，之後所有的肌肉都會失去張力，常見伴隨有脫糞、遺尿、身體整個癱軟下來。至此，就是醫學上所定義的死亡。

雖說四大分解是以各元素（系統）去描述死亡的過程，但臨床照顧的人常會發現，四大分解沒有特定順序，通常地解最先出現，隨後就是交雜著出現，且各分解的現象程度會慢慢加重。地解單獨持續的時間通常也是最長的，其後的水、火、風解持續的時間則依次遞減。若風解出現，通常可以預測動物會在 12 小時內過世。

美國有一位提倡寵物安寧照護的先驅獸醫師 Clough, E.，他在距今二十年前於美國獸醫協會（American Veterinary Medical Association，AVMA）1998 年的年會上公開發表他的著作《協助飼主道別：寵物的安寧照護》，

當中有一句話想和大家分享：「死亡並不等於失敗，也不是一個需要被解決的問題；死亡是生命的一部分，它值得我們充分探索和研究。」

　　也許我們終其一生無法避免與死亡面對面──我們的寵物、家人，最後是我們自己。不過，透過直視死亡，像毛孩一樣承認與接納，我們將能善用有限的時間，將寶貴的心力用在協助牠能善終之處，在此生短暫的交會來到尾聲時，為彼此留下美好的祝福和延伸。

看到家人凝聚，是閉眼前最大安慰

個案 6. Haruko

　　Haruko 擁有一個詩情畫意的名字，媽媽說這個日文字代表春天來的孩子，這個孩子從名字開始就備受家人珍視，可想而知，這些年來一定是家中的寶貝。

　　十七歲的 Haruko 過去曾有小焦蟲的病史，在家人悉心照料下，並無大礙。在牠來溝通的一年前，被診斷出腎結石，即使有醫生、藥物的協助，Haruko 出現血尿仍長達三個月之久，但後來也撐過來了。直到一個月前，爆發腸胃炎、胰臟炎，雖然勇敢的 Haruko 仍舊耐過，腸胃的臨床症狀看起來受到控制，但康復過後，即使進食依舊，體重卻掉了三分之一，由原本的十二公斤變成只剩八公斤，明顯的消瘦讓家人心疼不已。

　　「病」是控制下來了，但身體的變化似乎持續進行。漸漸的，家人發現 Haruko 的站立能力越發衰弱，撐起自己走幾步路都顯得吃力，腳軟、輕癱，使得牠難以自行完成大小便，全靠家人料理；即便如此，愛女兒

的媽媽仍舊每天帶 Haruko 到家旁邊的公園坐坐，不是為了排泄，而是為了滿足喜愛外出的牠，可以吹風、散心。

　　來溝通的兩天之前，Haruko 出現一次強烈的癲癇，此後雖然平復，意識也清楚，但牠的身體機能自此急轉直下：完全無力站立，吞嚥反應變得遲鈍，感覺舌頭變得很不靈活；被動灌食、水時雖不至於嗆到，但也沒有吞嚥，只是靜靜從嘴巴另一側流出來。除此之外，身上的肌肉看似消風（台語），臉部線條、身體的骨架，變得格外明顯可見。這些，都是瀕死徵兆（地解）的悄悄現身。

　　家人一方面不捨 Haruko 受苦，卻也對醫師提出的安樂死建議，產生分歧意見。所有人的心念，都希望 Haruko 在生命的尾聲，能夠得到身與心的平靜、安穩，很害怕過早執行安樂死，會剝奪了牠想生存的意志；但也擔心自己的猶豫、拖延，會使之後的牠產生褥瘡、或是更嚴重的抽搐，反而增加了牠的痛苦。捨不得與牠分離，但也不想讓牠受更多折磨，家人的心猶如刀割，左右都為難。

　　當我聽著家人對病況的描述，瀕死徵兆一個接一個的出現，心裡清楚死亡已步步逼近，再看到視訊中的 Haruko，喘氣伴隨著不尋常的喉嚨音，風解現象如此明顯，時間真的不多了。

　　我向家人解釋，消瘦並非因為灌食不利，希望破除「牠就是不吃才會餓死」的迷思，很多人都因為這個錯誤的觀點如同被上了緊箍咒，浪費太多時間與臨終的寵物搏鬥，事後又被這個錯誤的觀點困住，感到自責、罪惡。

　　停止吞嚥、拒絕進食，是因為身體不再需要任何食物，如同即將關門的商店，只會出清存貨而不會再進貨。老一輩的人說，人在臨終時會「排空」自己的身體，讓自己輕鬆、沒有負擔的走，不再把食物裝進身體裡腐爛（因消化、吸收、腸胃蠕動的功能其實也漸關閉了），這在臨終的動物也不少見。

　　我也與家人分別討論了安樂死、自然往生的可能性。分歧的意見使得這個家庭在面對 Haruko 的尾聲難以達成共識。當然，寵物溝通本身是可以得知牠本人的想法，但這個家庭具備多少客觀條件、在實際層面能提

供協助到什麼程度，需要大家坐下來檢視、討論和評估。

　　其實對於死亡，大家都是不安的。即使知道不要讓牠受苦，即使知道尊重 Haruko 本人的意願，面對心愛的寵物在臨終期間可能經歷到的不適，自己心中的無能為力及隨之而來的無助和恐懼，是非常真實的。如同很多人類家庭，在臨終病人出現呼吸性的瀕死徵狀時，即使明白這就是人在臨終必經的過程，當事人就是不可逆的要死了，還是會驚恐的叫救護車、送急診。身為人類，我們總是希望能夠做點什麼，解救對方也解救自己的焦慮，若真要讓自己去經歷沒辦法做什麼的無力感，對大部分人而言，確實是一件很恐怖的事。

　　大部分人心中認定的自然臨終，都是「在睡夢中過去，沒有經歷痛苦」。我常開玩笑說，我也希望自己未來可以這樣好死，在自己的家中、自己的枕頭上，像做夢一樣就跟這個世界告別。不過，這取決於眾多條件，包括疾病的種類、照護能提供的條件，以及我自己的福分了。所以，若是自然臨終的過程，不如我們想像那萬中選一的呈現，身邊的照護者可以承受嗎？這也是身為飼主的我們得事先考量的事。

　　在這番討論中，家人能夠感受到彼此的愛和關懷，也能夠坦承說出自己心中的顧慮，有了溫柔的愛為基礎，不同的方式和意見也不再那麼尖銳，變得可以討論和容納了。我們一起得出的初步共識，是確認了大家都希望 Haruko 沒有負擔的過世，醫生提的建議也是可以考慮的，只是不希望在違逆牠的生存意志，或不曉得安樂死注射會發生什麼事的情況下，就被迫靈肉分離。

　　以下，是我跟 Haruko 的對話，收錄的內容比較長，主要想透過這番對話向你說明：動物在臨終時，牠們對死亡的接納、瀕死時的身體感受、對家人心心念念的是什麼，及牠們看待死亡與安樂死的角度（與我們很不同）。也因此，在與毛孩談安樂死時，並非只是要或不要的二元選項，而是去了解答案背後的心念想法，這才是溝通真正能碰觸的精髓所在。

　　我是這樣開啟對話的：

　　我：「家人很愛你，最近你的身體狀況每況愈下，醫生已對家人發出病危通知，也對後續的發展提出一些建議，這引起家人很多討論。家人尊重你的想法，他們想知道你本人的意願，想用全家人都安心的方式，陪你走到人生的最後一刻。」

Haruko：「我知道。自從生病以來，感覺每個人都承受很大的壓力。每個人都想對我好，都是頂著心理壓力、壓抑著情緒跟我說話。有時他們意見不合，聽著他們因為我的事而爭論，一方面不捨他們爭吵，一方面又感覺到爭論都是出於愛我，我很感謝家人們這樣在乎我。」

　　我：「家人確實是很在乎你，你是從小陪哥哥、姊姊長大的同伴，是爸爸、媽媽的乖女兒，十七年來，這個家有你的存在，充滿溫暖和生命力。」

Haruko：「唉，這就是我捨不得的地方。你知道嗎？我快要死了。」

　　我：「你知道自己日子不多？」

Haruko：「我不是『知道』，我是『感受到』。身體再不像我的了，老骨頭不好用了，連喝個水都滴滴答答的。現在很容易累，但又不好睡，躺來躺去沒一個舒服的姿勢。對溫度的感覺也很奇怪，一下冷一下熱，

不是很舒服。有時候眼皮很沉重，好像張不開，總是很疲倦，沒有力氣。」

我：「所以你是體驗到身體在變化，覺得自己慢慢靠近死亡？」

Haruko：「對，如果你跟我有一樣的身體感覺，你也會知道自己即將不久於人世。對現在的我而言，死亡不是一個概念，也不是一個可以治癒或控制的病，它是那麼真實存在，我無法忽視。」

我：「生命即將邁向終點，你自己怎麼看呢？」

Haruko：「我，沒有遺憾。這些年在家中的日子，我過得很開心。每天，我可以迎接家人回家，他們在我身邊吃東西、聊天，我都有參與，我喜歡跟家人一起生活，他們對待我親如家人，任何事都有我的份，好吃的、難吃的、捉弄我的、好心情、壞心情，我統統都知道。我是這個家的里長伯，每個人的心事我都知道，但我都有替他們各自保守秘密呦！你看我很棒吧，我是家人的小甜心。」

我：「你確實是家人的小甜心。我相信就是因為你這麼貼心，所以此刻大家才會那麼不捨。」

Haruko：「想到要跟家人分開，心裡有點酸酸的，一想到跟大家在一起這麼久了，接下來要走上自己的路，有點……還在調適。」

我：「你曉得接下來就是你的獨行路？」

Haruko：「知道啊，幾乎每個人都跟我說『要跟 OO 走』，那不就代表我們不會再在一起了嗎？」

我：「你是對的，接下來的道路，是一條必須自己走過的單行道。媽媽有叮嚀你要跟著阿彌陀佛走，你知道阿彌陀佛是誰嗎？」

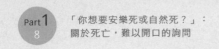

Haruko：「不曉得，不過我想祂應該是個好人吧，所以媽媽才會叫我跟著祂。媽媽總是保護我、為我想，她不會害我的。」

為了讓 Haruko 對於菩薩更熟悉、更有親切感，未來願意接受菩薩的接引，我跟祂形容了阿彌陀佛的外型，並說明了阿彌陀佛四字音的意涵：代表無量光、無量壽。一旦蒙佛接引，便能前往西方極樂世界，在那裡不再有痛苦，除了蒙受保佑，內心也會感到平安、祥和、喜悅。不過，Haruko 關注的焦點，顯然不在自己身上。

Haruko：「聽起來不錯，那阿彌陀佛也會保佑我的家人嗎？」
我：「會的，菩薩保佑每一個信靠祂的人。」
Haruko：「那就好，只要我的家人能夠平平安安，我就放心了。」

在這麼艱難的時刻，想到的都不是自己，而是保護所愛的對象，這樣的愛不只是反映在 Haruko 家人身上，連 Haruko 本人都是如此。

Haruko：「我愛我的家人，他們是我的全部。我這一輩子的美好都是因為他們而有的，我很感激他們為我做的一切，我卻什麼都沒辦法供應他們。所以，只要家人能好好的，我就滿足了。」

我：「也許你無法在物質上供應他們，但是你帶給他們的是愛和陪伴，所以家人才這麼在乎你呀。你是這個家很重要的一份子，為這個家帶來的是無形的開心、快樂，你是這個家最好的守護者。」
Haruko：「聽你這麼說我真開心，我希望我的家人知道我很在乎他們。」

我：「家人很感謝你這十七年來的陪伴，如果你過世了，他們也能接受，並且會祝福你，只是他們希望最後的日子不要讓你經歷太多痛苦，這是他們心裡最大的心願。」

Haruko：「我知道，最近他們似乎比我還煩惱這件事。」

我：「你不煩惱嗎？」

Haruko：「煩惱有何用？該來就會來，不會來的，想了也沒用。」

我：「我同意你的說法。但是一旦死亡可以人為介入的時候，就沒有那麼單純了，要考慮的事情就複雜多了。」

Haruko 表示牠不是很明白我指的是什麼。

我：「正常情況下，按照你身體的變化，你會慢慢褪去這副身體，離開老舊、不堪使用的肉體，回到無病無痛的輕盈狀態，然後踏上你靈魂的下一段旅程。但並不是每個人在褪去身體時都能平順，有些人在死前會經歷不小的痛苦，像是抽搐、吸不到氣，就如同你前幾天的經歷。醫生為了避免那樣的情況發生，也為了避免你在過程中受苦，所以建議用另一種方式送你上路，叫做『安樂死』。（接著我仔細向 Haruko 解釋安樂死的全部流程，包括每一個步驟。）在那之後，你的肉體就會正式停機，然後隨即回復到輕盈的靈魂狀態，準備前往下一段旅程了。」

Haruko：「我不是本來就快上路了，何須多此一舉？我家人的想法呢？」

我：「安樂死是為了避免你在斷氣前可能經歷的種種不舒服。但家人尊重你的想法，會儘量配合讓你可以放鬆、自在，以最少的痛苦度過。」

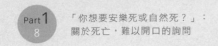

Haruko：「我希望家人可以圍在我身邊，在我真正斷氣之前，彼此能好好道別。事實是，我就快死了，我正一步步遠離他們，無論他們最終選擇什麼方式送我走。這些選項無關對錯，只有適不適合。如果可能的話，我希望我可以待在熟悉的家中，我不想去別的地方。」

對希望得到明確指示的人而言，也許會覺得 Haruko 語帶含糊，不過我想牠更重視的，是希望能夠在熟悉的家中，無論以何種方式走向終點。

我進一步確認細節，希望藉此抹除家人可能會有的疑慮，及未來可能衍生成遺憾的成因。

我：「如果你斷氣時，身邊剛好沒有家人呢？例如大家都去上班，媽媽也剛好不在你身邊，你是『在家』沒錯，但若是身邊沒有家人陪伴的情況下斷氣，你能接受嗎？」
Haruko：「我愛我的家人，如果看到我斷氣反而會讓他們害怕，那我寧可在沒人在家的時候，自己靜悄悄離去。」

我：「家人知道你對他們的心意。但我猜想，他們可能會想要能夠陪你到最後，這也是他們表達心意的方式。」
Haruko：「那他們必須先承諾我，對彼此要能體諒和安慰、並互相扶持。我知道每個人都用自己的方式愛著我，但生命並非我們自己能全權掌控，就像他們告訴我『若是累了就跟著菩薩去』，我的確是覺得很疲倦、也知道自己的下一步，但時間還未到！接我的人還沒來呢！」

我：「那麼關於安樂死這件事，你的想法呢？」

Haruko：「我是覺得有點多餘，因為死亡已經在我眼前了。如果真的要的話，我只想在家中，而且全家人都要在。不過，在我真的揮別家人之前，我最在意的是：他們曉得我接下來會往哪去嗎？他們能好好照顧自己還有關心對方嗎？能不能為自己與彼此帶來支持與鼓勵呢？我以前是家裡的膠水，負責把大家拉攏在一起。現在，他們要承諾我，能夠更體諒、體貼彼此，這樣子，我這一生的任務才算了結，才能圓滿。」

　　Haruko 最重視的還是家人能否緊密扶持，畢竟這是牠賦予自己的任務，聽起來甚至比選擇死亡的方式更為要緊。根據前面的對話，我向牠詢問，是否比較傾向自然往生，牠說是的，因為牠已經在半路上了。不過凡事總需要備案，一如我們前面提到的，所以我也問了牠，萬一中的萬一，家人得要選擇安樂死，牠能接受嗎？

Haruko：「只要家人覺得可以接受，我就沒差，我本來就離死亡不遠了，只是快走一步路而已，若是能夠自然走完全程也好，兩者沒有差太多。我唯一在意的，是家人能否平和接受我的死亡，還有他們得要先答應我，要能手牽手互相扶持。這才是我真正關心的事。」

　　我說，無論家人作何決定，心裡都是難受的，因為面對的是 Haruko 的過世，想到天人永隔的分離，總是不免難過。

　　問到 Haruko 有沒有最後的心願，**牠這樣說：「再親親我，好嗎？答應我你們會把自己照顧好，即使在我離開你們之後，還是要好好照顧自己。我沒辦法再跟你們一起走下去了，所以現在，我把愛的棒子交到你們手**

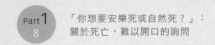

上，請你們接棒，好好愛自己、好好愛身旁的家人。我愛你們，會一直
把你們放在心上。開心的時候你們要彼此分享，難過的時候有彼此可以
取暖、依靠，我的心會一直跟你們在一起。」

　　對即將過世的寵物而言，臨終前的焦點通常都不是自己，而是所愛的
家人：在世的人能否接棒，把自己愛好，似乎是寵物們普遍最關心的事
了。溝通過後的一個小時，我收到 Haruko 家人的來訊，說 Haruko 已安
然往生。

　　分離雖讓人難過，但是能在親愛的家人全員到齊環繞之下，說出對彼
此的心意，確保家人有收到自己的愛，也確實將家人的愛收進心裡，在
如此好好道別之後，帶著家人的祝福、對此生的滿意，心無罣礙的啟程
踏上靈魂的下一個階段，我想 Haruko 與牠的家人，為善終與善生，做了
最好的詮釋。

Haruko 飼主的回覆：

Haruko 在我們家人的心目中，一直都是隻很體貼很完美的神狗，神到家人們都不覺得她是狗而是人了，只不過是不會講話的人。我相信Haruko 也把自己當成人，處處貼心到讓我常感到不可置信。

從小到大，全家一起出門遊玩，她在車上總要坐在排檔中間的位置，幫忙看頭看尾，或是乖乖睡覺、下車尿尿，是個完美的旅伴。去外面餐廳吃飯時，總是乖乖安靜的坐在餐桌底下，時常用餐完服務生才發現怎麼有隻狗進來餐廳。外宿旅館時，也總是偷渡她一起進房，但她就是永遠都不會在旅館內大小便，很懂事的都會等到戶外後才快速大小便。一起健行時，也總是來來回回好幾趟，確保她必須當第一個領隊、開路先鋒，也確保最後一個成員有跟上。一輩子相處下來，她始終如一，身體總是非常健康，健檢總是沒紅字，不論生了甚麼大病，總是能神奇痊癒，即便過程忍受了一些痛苦。

到了最後這兩年，感受到她的聽力與視力也明顯衰弱後，才意識到她漸漸失去了以前的靈光。但是家人還是依然深愛著她，細心照料，也很不捨看著她這樣的神狗老去，心中常常會想著：神狗怎麼會老，怎麼可以老去呢？

最後這一個月，時間彷彿過得特別快，怎麼會一轉眼在大病痊癒後，體力立即迅速衰退，所有的身體機能似乎瞬間崩壞，全家人陷入焦慮、難過以及不捨，一開始是大小便再也無法自理，但是還是可以明顯感受到 Haruko 非常努力的想自己爬起來到陽台的固定場所解決，直到癱在自

己的屎尿堆中再也爬不起來。我們深深的意識到，回不去了，心中是滿滿的難受與不捨。

從此以後，我們細心幫助她進行所有的大小便照護，這段過程對家人的生活品質影響非常大，因為 Haruko 常常三更半夜需要大小便，很貼心的地方在於她會開口叫，而她的語言，我們也似乎聽得懂了，她想翻身或上廁所，或是有不同的需求時，會有不同的叫聲，我們都聽得懂。

起初以為大小便的照護已經對生活品質影響很大了，後來 Haruko 變成連基本的喝水吃飯都無法了，全家人都非常難過。工作繁忙時，也常常因為動不動就要餵食喝水、照護大小便，時間被切得很碎、很片段，所有人的情緒都陷入了難受的過渡期低潮。

但是大家都還是對照顧、陪伴我們這麼久的 Haruko 有共識，就是希望能盡最大的責任跟愛，好好報答她陪伴我們一輩子的美好時光。我們全家一直都是理性的，其實我們是不太相信寵物溝通這種事情的，直到最後的最後，照顧 Haruko 一輩子的家庭醫生已經不只一次向我們提出安樂死的建議，我們才半崩潰的了解到，Haruko 神狗的時代，似乎真的已過，她應該再也無法康復了。其實我們都很清楚知道，Haruko 一點病都沒有，所以不是哪種疾病康復不康復的問題，就是老了、太老了，身體機能衰退到已無法為生命運作了。

在知道她沒有任何疾病的條件下，要我們去評估安樂死的可能性，簡直是折磨，家人在這樣的前提下，對於討論安樂死，既難受、生氣又無奈。在崩潰的情緒下，找上了張醫師，也心知肚明能臨時約到張醫師的

機會應該是渺茫的，畢竟醫師行程已滿檔。而 Haruko 總是又在關鍵時刻給了我神力，只是這次的神力，已不是肉體上的康復。我一直相信是 Haruko 神狗的神力跟信念，讓我們約到了張醫師，讓我們在那個晚上，緊急進行一場心靈上的溝通跟對話。

而張醫師替我們溝通，也讓家庭全員心情平靜、達到共識。心情舒暢的明白 Haruko 自己的想法，我們也非常開心能夠聽到 Haruko 的心聲。大家流著淚完成 Haruko 的心願，並調適好心態，準備迎接死亡到來。

溝通完的那個當下，其實還是會對於 Haruko 即將死亡的方式，感到不安與恐懼，但也感到很欣慰 Haruko 會很貼心的盡量不讓家人害怕，心裡頭也就放心許多。

沒有想到，Haruko 溝通完後一小時內就離世了。而且她離世的方式，是全家都在且一點都不恐怖的狀態下，在大家抱完她、親完她之後，她汪一聲，似乎是在說「珍重再見」，就這樣離開了。當下，我們大家痛哭流涕，但心裡又是多麼欣慰，覺得 Haruko 怎麼可以貼心成這樣，連死去都挑大家都在且一點都不恐怖的方式。

另一個重點是因為大家工作都很忙，這是一個週六的深夜，週日全家人馬上就能替她料理後事。畢竟，倘若她選擇平日離開或是週日離開，我們還真不知道該怎麼協調工作的時間，來一起送她最後一程。

Haruko 神狗的神力，永遠存在我心中，這樣小的動物，竟然可以如此貼心，如此懂事，如此精準完美到位。她讓我學會了什麼叫愛、什麼叫

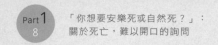

責任、什麼叫堅持；她讓我從此愛上了狗，讓我現在看到所有的狗狗，都希望牠們能夠過得健康快樂，希望牠們都能夠有美好的一生。

Haruko 死後，大家都難免心碎，覺得家裡少掉一個很大的重心，非常不習慣。但是難過的另一方面，也都覺得已經沒有比這更好的結局了，Haruko 選擇這樣的離開方式，全家都認為比半夜作夢離開還要更好，給了我們一個完美說再見的機會，也給了我們一個完美送她最後一程的週日。

隔週，我出差西班牙，一路上我一直想著 Haruko。滿滿感恩的心，雖然有無限的難過與不捨，但我得到很大的力量，也放下心中要分工合作、老年照護 Haruko 的大石頭，讓我在工作上能夠更勉勵自己勇往直前。這一切，對張醫師也有著無限的感恩。

一切的結局，已無法再更好，我相信這是最完美的結局了。

聽聽寵物怎麼說：
「我希望能夠照顧到他們的感受，然後再上路」

我問可樂果，面對下一段旅程，準備好了嗎？牠猶豫了一會兒，慢慢吐出：「還沒。」這兩個字背後的原因，是有什麼未盡的事嗎？還是有什麼想交代呢？在做臨終溝通時，這一題非常重要，常常是能讓寵物真正心無罣礙的關鍵。

跟我道別，
我才能對你放心

　　可樂果在 2012 年被發現流落街頭，當年約莫七歲，因著民眾通報，輾轉去了一趟消防局，後來又送進收容所。或許曾被人類不友善對待過，可樂果的警戒和自保行為，被收容所認定有攻擊傾向，名列在安樂死的優先名單中。

　　幸運的是，牠的首任認養人——當時的愛媽、後來諾亞方舟動物同樂會的創辦人——看見牠「兇惡」的外表底下，隱藏的是顆不安的心，她抱持著愛和安全感能修復破碎信任感的信念，讓可樂果走進對牠敞開的懷抱，體驗人的友善和尊重，後來也見證了協會的成立，一同守護著接受協會庇護的老、病、殘動物們，也目送牠們去到充滿愛的家庭。

　　可樂果後來自己也遇到人生中另一個伯樂，牠被認養、過著尋常百姓的家庭生活，媽媽把可樂果帶在自己身邊，一起上班、一起出遊，形影不離，過著幸福快樂的日子；只是，在可樂果十二歲時，健康狀況急遽下滑，開始出現認知功能退化，從偶發性的意識改變，漸漸擴展成身體功能性的變化，到後來無法正常步行、無法停止的轉圈圈，加上關節退化、漸漸無法起身，基本的大小便和維持清潔都成為照護的挑戰，為了確保可樂果的生活品質，決定讓牠回到協會，有多些人力能夠給予協助。回到協會後，可樂果感覺到身邊滿滿的善意，除了有時被醫療照護行為逼急了會出口制止，但都僅限於表達意願，不曾傷害過任何人。

　　第一次見到可樂果，是我受協會邀請，做一場以巴赫花精協助老年動

物及照顧者本身的講座，講座後也受他們委託，為每天只能轉圈、無法靠自己站起來的可樂果調配花精，緩解挫敗與無助的感受。協會眾人對可樂果的關愛，在這小小的舉動中不言而喻。

只是，身體的退化依然進展中，隨著反覆的泌尿道感染、腎臟發炎，就在某天，急性腎衰竭突然來訪，醫生積極找原因克服，也發出病危通知。我是在這樣的機緣下，跟曾有一面之緣的可樂果再次相見。

生命的變化如此快速，我自己也沒料到，短短幾個月之後的第二次見面，工作目標已是非常不同。這一趟來，是來協助牠能夠安詳走到生命最後一步路，也讓所有的照顧人員有個情緒出口。雖然兩次的具體目標不同，但其實是走在相同的大方向上，想到可樂果有機會脫離這個讓牠沮喪、像輪迴般的轉圈圈，未嘗不是一種解脫。

只是，面對死亡，總還是會悲傷，這悲傷完全不需要思考就悄悄滲進來。將死亡視為天人永隔的驚嘆號、永遠的失去，像是一種根深蒂固的習氣，深植於大部分人的心，我雖然情感涉入沒有那麼深，但也默默觀察著自己面對無常時的內在感受。

我知道大家都疼愛可樂果，這也必定伴隨相對而來的不捨情緒，愛來到這個關頭，總是五味雜陳，這對大部分的照顧者是個極大的挑戰；但也因為愛的力量，讓人在此時具有最高的潛能，為了讓即將離世的寵物心裡平安，我們有機

會突破自己原本的軟弱和恐懼,正視生命有始有終的事實,好好陪伴、好好說再見,也不辜負寵物對我們的期待,把自己照顧好。

我調整好自己的心態,知道今天的到訪是為協助臨終的寵物內心得到善終的力量、陪伴所有照顧者面對眼前的難關,深呼吸數次後,慢慢按下電鈴。

所有人圍繞在可樂果身邊,聽著我翻譯牠的心情。身體的異常疲憊,讓牠體驗到離開人世間的期限一步步靠近。回想這些年來在機構內受到大家的疼愛,除了感謝,心裡也有好多不捨,但牠也提到,現在努力活著是為了回應大家對牠的愛,只希望自己離開後大家不要太難過,希望當牠踏上靈魂的下一個階段後,其他人的生命歷程也能繼續往前。

我:「未來的某一天,你會從你的身體離開,靈魂啟程前往下一個旅程,我們稱作『死亡』,你知道你會往哪裡去嗎?」
可樂果:「我啊,我會去一個充滿光的地方,在那邊不會再有疼痛、不舒服,我可以在那邊自由奔跑、隨便大笑,不會再有什麼限制了!」

我其實也很好奇,一個還在世的孩子,為何已能知道未來往生的去處是一個充滿光跟愛的地方,我想知道是動物與生俱來的直覺、還是照顧

者曾經跟牠說過？

於是，我問到：「你是怎麼知道的？」
可樂果：「等你有一天像我一樣老，你就會知道。」

　　我不確定是否每個像牠一樣老的寵物都自然具有這個觀念。過去我在溝通諮詢時，有時是我直接告知，也有遇過照顧者對寵物耳提面命要往純淨的白光方向去；有些人則是用菩薩的形象來代替，寵物們也多半有放在心上。我沒有再花時間探究，只要可樂果曉得牠未來的方向就是最重要的了。既然知道未來的去處，那麼，牠也準備好面對了嗎？

我：「對，就像你說的，死亡只是身體功能停止，而脫去肉體的靈魂會前往充滿光的地方，在那邊你會感覺寧靜、安詳。那麼，面對下一段旅程，你準備好了嗎？」
可樂果猶豫了一會兒，慢慢吐出：「還沒！」

　　這兩個字的背後原因，是有什麼未盡的事嗎？還是有什麼想交代的呢？在做臨終溝通時，這一題非常重要，常常是能夠讓寵物真正舒心的關鍵。我邀請可樂果進一步說明。

可樂果：「身邊照顧我的人，還沒有心理準備我會離開，他們心裡完全一片空白。當他們談論到死亡時，我感覺他們心中很不平安，好像不知道我是要前往一個充滿光的好地方，是從痛苦的身體解脫出來；我感覺牠們好像覺得我『就是要去死』，他們心裡那種不安的感覺讓我很介意。因為，這表示就算我真的前往美好的光裡，他們也無法為我感到高興。

在一起這麼久，如果我最後留在他們心裡的只有錯誤的印象跟傷痛，這是我最最不想要的。」

我整理牠的話，回問牠：「你的意思是，你很關心其他人清不清楚你的未來是好的？如果他們對你的去處不安心，你也會心不安？」

可樂果：「是啊，我雖然來的時候挺狼狽的，但關於我的離開，我想要優雅的走。關於道別，我曾經有過很爛的經驗（意指被棄養的經驗），那讓我很傷心。所以現在，我不想要相同的感受發生在愛我的人身上，我很愛他們每一個人，我很感謝他們，我希望這一次，在我的生命中，我能夠照顧到他們的感受，然後再上路。」

我：「你很在意大家，希望確認大家都能好好的？」

可樂果：「對，他們就是我的家人，這是我能為他們所做的最後一件事。」

我傳達著牠對照顧者的心意，心裡被牠的愛深深感動著。是啊，讓生者安心，即將往生者才能放心，如此才有可能達到生死兩相安。可樂果雖不曾聽聞過安寧照護，但牠的精神，已經體現出安寧的精髓。

我：「你希望他們做什麼，才能讓你放心呢？」

可樂果：「我希望他們能一個個單獨來我身邊（跟我說話），描述我即將要去的地方給我聽，告訴我在我離開後，他們下一步計畫是什麼。」

我跟牠確認：「你不是已經很清楚未來要去充滿光的美好地方？還需要讓他們來『告訴』你嗎？如果每個人的描述都不太一樣呢？」

可樂果：「沒關係啊，對於我未來幸福的樣貌，只要他們的心裡有個具

體的圖像，這就對了。每個人本來就對未來有不同的想像畫面，就好像我說好吃的食物，每個人心裡浮出的畫面可能不同，但大家都懂那種好吃的感覺。」

　　這樣我就瞭解了，可樂果希望讓照顧者一邊說，一邊聽到自己講的話，並把內容烙印在自己腦海中。牠希望更正大家的認知，牢牢記住牠是即將前往一個好地方，而不是「就是要死了」，真的是用心至深。但詢問照顧者的下一步計畫，又有什麼意涵呢？這我也是頭一次遇到。

可樂果：「互相啊，他們知道我未來的動向，也讓我聽聽他們接下來的計劃，這很公平。」

　　是的，就像兩個萍水相逢的背包客，在旅途中共度一段美好的時光，在各奔東西之前，彼此在列車月台上互道未來規劃，為自己、為對方的將來感到期待和祝福一樣。

我：「如果大家都做到了這個要求，你還有什麼其他掛心的嗎？」
可樂果：「就沒有了。」

我：「意思是說，當這個心願完成，你就準備好面對下一段旅程了？」
可樂果：「對，生命嘛，有開始就有結束，我是個硬漢，我從不畏懼未知的未來。」

　　因為醫生已發出病危通知，也有提到安樂死的建議，照顧者希望聽聽可樂果自己的想法。

我問到：「醫師和媽媽在討論，如果身體的衰敗帶給你太多痛苦，到了完全沒有生活品質的地步，用注射的方式提早送你離開，你同意嗎？（並進一步解釋安樂死流程和會發生的事）」

可樂果慎重交代：「**要在他們好好完成我的要求（個別說話）之後，才可以進行。當我睡下去的時候，我希望大家都能在旁邊。**」

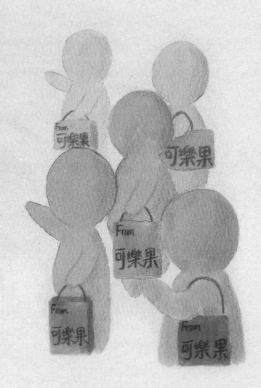

我想這樣的要求應該又有一番可樂果式的用心，於是我詢問了原因。

可樂果：「**希望他們圍繞著我，是因為我想在道別的時刻看看他們，也讓他們能看到我，看到我好好的、平安的啟程前往『他們說我會去的那個好地方』。他們是我愛的家人，我很感激他們，這是我想要說再見的方式。然後，他們得答應我，每個人在我離開後都要把自己照顧好，他們只能答應（不能拒絕），我會檢查。**」

雖然我不知道可樂果可以怎麼檢查，但我確定牠非常貼心，千叮嚀萬交代，心願和道別的安排都圍繞著照顧者轉，體貼著他們的心。

我交代在場的人，除了按照可樂果的要求進行對話外，也可以跟牠說說從牠身上學到了什麼。這份學習對牠會是個嘉許，對自己而言則是一份禮物，即使可樂果的身體會有停止的一天，但從牠身上獲得的學習——這份禮物，會隨著生命開展繼續滋養著我們、也造福身邊的人。

一隻形容自己曾經心死的狗狗，在臨終時，展現最大的愛關心著愛牠的人，這股愛的暖流讓我也非常感動。

面對死亡，雖然曉得寵物即將離苦得樂、沒有真的消失，但臨終關頭仍讓人百感交集；然而，某種程度而言，這其實也是寵物來到我們身邊的任務。使我們藉由這些深刻的體驗，從中學習生命的實相，經驗無常，看見生命意義的延續。

總的來看，我們都在一個更大的生命流裡，承襲過去，以當下為基礎，開創未來。把自己的心態準備好，即是對於即將往生者最大的祝福。

Part2

作為照顧者，
你需要的自我觀照：
照顧自己的身體層面
與心靈層面

《尼布爾祈禱文》

神啊，求你賜我寧靜，去接受我不能改變的

賜我勇氣，去改變我能夠改變的

更賜我智慧，去分辨什麼是能夠改變的，什麼是不能改變的

　　陪伴末期寵物時，照顧者的心理壓力，往往是最容易被忽略和漠視的。面對心愛的寵物日漸衰弱，闖入眼睛的都是寵物病老的畫面，感受到死亡原來靠得這麼近；情感上意識到分離已是可能的事實，風雨欲來前的顫慄，讓人不自覺繃緊神經，一刻都無法放鬆。

　　作為寵物的家人，我們可能陷入否認病情、憤怒、討價還價、極度憂鬱低落、接受的五種心理狀態（悲傷五階段，伊麗莎白·庫伯勒·羅斯），或者以一種鬼打牆的方式，在五種心境裡到處碰撞。這都是正常的情緒反應，人本來就不是機器人，而是有情緒的動物，面對生離死別的衝擊，能夠說轉換就轉換、一點情緒都沒有的人，若非具有極高的修行，通常是習慣極度壓抑感受、或是感受延遲；即使是久病過後的釋懷，希望寵物能夠早日離苦得樂，通常也是經過漫長時間的陪伴和照顧所產生的最終心境，並非彈指間就能轉念並欣然接受。

絕大多數的照顧者都屬於一般人。即使理智上能理解病程就是會這樣發展，也知道生老病死就這麼回事，多少還是會體驗到情緒翻騰起伏的過程。無論你處在哪種狀態、出現哪些情緒（或者感覺不到情緒，這也是可能的），這些都是正常且自然的反應，雖說個體會有些許差異，但這幾乎可說是大多數如你如我的一般人都會經歷的心路歷程。

所以，先試著接納自己是個有感情、有感覺、真真實實的人吧！很重要的是，從此刻開始，當你正集中所有注意力處理外部事務的同時，分一點神來觀照自己的內在狀態。無論是在居家照顧、回診或是與別人互動時，試著七分專注外在，三分留意自己。無論你觀察到什麼，體察到什麼都很好，不需要為自己的感受貼標籤，更不用為此批判自己，如實傾聽自己內心的感受，這就已經做到了第一步──照顧自己。

照顧自己，決定了照護寵物的品質

照顧自己，是常常被照顧者忽略的重要環節。很多照顧者是以一百二十分的努力，兩百分的力氣，繃緊神經、一刻不敢鬆懈，深怕有個閃失或錯過什麼；有些人則是一人身兼多職，兼顧經濟、家庭及所有醫療照護責任，撐著幾近透支的身心，在耗竭的邊緣苦苦掙扎。

我們都深深愛著牠，希望為牠做點什麼，尤其是在意識到時間有限時。只是，我們也就是個人，會疲憊、需要休息，充飽電才能再上路，這是人之常情。陪伴末期寵物時，若未有意識的自我照顧，照顧者常常不由自主讓自己超支，有時是迫於現實、有時是出於無法放鬆，無論屬於哪

種類型，都很容易加速體力、心力的消耗；而在身心交相拉警報之下，又互相影響導致惡性循環，還未走到最終就已沒力，或因此草草了結但事後又後悔不已的，也不算少數。

陪伴末期寵物是條長路，雖然比較接近終點，但也沒人曉得究竟還有多少時日。高度的專注、體力消耗、情緒波動、精神壓力，加總起來相當容易使人耗竭。就像用久了的手機電池，蓄電容量大減之餘，電力也很容易流失。有些人會發現，自己處於做事狀態時都還能運作，但只要手邊的事一停下來，就感覺到自己極度疲憊，甚至有種被掏空的感覺。

一個馬拉松選手若是在開頭就用短跑方式全力衝刺，不出多久，必定氣力盡失，無法順利抵達終點。同理，陪伴末期寵物是條如同極限運動賽的漫漫長路，若你留意到自己一直處於跑百米的神經緊繃，不妨試著調整一下，調整到長跑式的節奏和心態。

照顧好自己，路才走得長遠。我們的目標是希望能一路相伴，陪伴寵物好好善終，因此，時常觀照自己的身心，時時調整、試著把平衡帶進生活裡，在這個階段是必要的練習。

讓身體獲得休息，
陪伴才能細水長流

人是身心靈的集合體，心情若動蕩則身體難以放鬆；同理，若無良好身體基礎，則情緒的調節能力勢必受到影響。因此，要讓自己處於較平穩的狀態，首先就是先從照顧肉身開始。

當身體獲得充分休息時，負責奮鬥的交感神經與負責紓緩滋養的副交感神經產生較好的平衡，應付壓力所分泌的腎上腺素就不會無止盡去鞭策體內的器官系統；我們的心跳、血壓不會一直飆高，這樣就已經減少不必要的額外消耗了。

此外，當身體有機會獲得放鬆喘息時，體內的神經傳導物較能正常分泌，像是多巴胺（dopamine）、內啡肽（endorphin）、催產素（oxytocin）和血清素（serotonin），是經過研究證實使人產生幸福感的重要物質。簡單來說，若是我們刻意維持身體的良好基礎，則在陪伴過程中較容易汲取到愛的感動，面對照顧過程中所產生的困難和挑戰，也較有能量去克服和跨越。因此，讓身體有機會放鬆、喘息，非常必要。

當然，對照顧者而言，最奢侈的東西往往就是時間了。很多人苦於蠟燭多頭燒的狀態，有時想多睡幾分鐘都談何容易，提到「維持良好作息讓自己有較好的體力」，聽起來像是一場空談。確實，每個人的情況不同，難以概括而論，不過底下談得都是一些原則，讓自己能夠以較好的狀態長遠走下去的大方向，可以按照自己的情況去安排調整。

身體的營養來源，除了飲食以外，另一個就是睡眠了。當人進入深層睡眠，身體才有機會得到深度的放鬆和修復，這對體力的生成和維持很重要。規律的作息，能培養身體進入較為穩定的節奏，免去耗費額外的體力來適應大起大落的改變。

此外，規律的運動，也能幫助身體感覺輕鬆。很多人發現自己在運動

完之後，除了身體舒服，心情通常也變得較為放鬆，這是有道理的。運動時人會專注於當下，忙碌的腦袋得到暫時的休息，同時促進血液循環，身體自然排掉有形無形的廢物，這對維持良好的身體機能以照顧末期寵物是很重要的。這邊講的「運動」，不需要是那種大汗淋漓、一次要很長時間、做完之後反而很疲憊的「勞動」。走路、甩甩手、慢跑、騎腳踏車、簡單的瑜珈都是不錯的選擇，重點在於讓身體有機會「流動」，身體動起來，體內的循環和氣會跟著順暢流動，這不僅幫助身體的修復、也促進心情的代謝。

此外，陪伴末期寵物的我們免不了會想很多，擔心、恐懼等過多的思慮纏繞，往往使人越想越焦慮，越發陷入緊繃、無助的狀態，因而負面情緒越來越糟，且難以自拔。讓身體動起來，幫助我們的注意力聚焦在身體上，思緒就有空間休息，而不至於持續糾結、耗損能量。

我們的身體能量足夠與否，會直接影響到心情的調節能力。人在累的時候就容易煩躁、不耐煩，這會直接影響到照顧與陪伴的品質。我遇過很多沒有好好休息的照顧者，從起初的關愛，走到後來卻變成暴怒的奴隸，或是疲憊到期待寵物可以趕快走掉，對於臨終寵物的不配合而失去耐性，理智線斷掉的結果就是自己先失控。當情緒一湧而上，常做出事後會讓自己後悔很久的舉動，這在病程拖得很長的慢性病家庭尤其常見。

我們都希望寵物能善終，善終的關鍵要素之一是心理感受，唯有我們自己能先照料好自己的身心，才有足夠的心力成為牠情緒心靈的引導者。而觀照自己的身體，便是所有心理條件的必要基礎。

善用資源，
創造能喘息的時間和空間

　　為了讓自己的身心得到休息，照顧者必須刻意安排時間抽身，使自己可以喘口氣、休息，歸零後再以好的狀態回歸。無論是去運動、補眠或是外出走走散散心，都能讓自己暫時抽離高壓的情境。若是寵物情況還算穩定，試著安排一、兩個小時，暫時委請信任的家人或朋友代為照顧，讓自己有完整的時間區塊得以喘息。也可以善用外出購物或甚至是洗澡時間，走到戶外時記得抬頭看看寬廣的天空，洗澡時透過肌膚的觸感和沐浴的香氣，對自己溫柔，避免只是機械性的對待自己。

　　現在也有越來越多到府的寵物服務，有些網路互助社團有照養者自發性的交換照護，也開始有寵物美容業者針對出門有困難的家庭提供到府美容服務；還有比一般照護更專業的到府寵物保姆，為老、病的寵物提供居家基礎照護；台北市、新北市目前也積極試辦推廣，在一些特定機構提供寵物日間照護，無論是上班時間需要進行簡單的餵藥、看護，或是要找人暫時替手讓自己喘一口氣，以上都是可利用的資源。

喘息照護資源，請參考附錄，P. 312

　　關於安排喘息時間，讓自己休息一、兩個小時，除了經濟考量以外，通常最大的障礙來自於照顧者本身的心態，不放心、無法交托（不想假他人之手）、罪惡感是其中最常見的。

　　大部分人對於預期以外的變數都會心生恐懼，因此多半會想辦法防堵臨時狀況的發生。我們要做的，就是將主觀及客觀因素都安排妥當。客

觀因素指的是外在事物的安排，包括安裝監視裝置、留下隨時可聯繫的電話、請代照顧者定時回報，這些都是確保的方法。而主觀因素，指的是我們內心對於暫時分離、不預期的變化所抱持的觀點和感受，也牽涉到自身的安全感。

我自己過去在照顧動物時，也曾發現自己會因為不放心，而只敢寸步不離守在身邊，連休息都不敢閉眼睛（但是眼睛都沒閉上又要如何休息？），真的躺下也不敢讓自己睡著，在這樣的條件底下，緊繃、疲憊、提早耗竭是必然的結果。不容許自己犯錯，不容許自己沒有隨侍在側，不容許情況不在掌控之中，底下隱藏的是不容許事情不按照我們的期待去發展，這是照顧者常見的焦慮來源，但也是對自然法則無效的抵抗。

這時候最有效的方式是體察自己緊繃的心，選擇調整心念，明白世界上沒有絕對完美的照顧，只有剛剛好的給出，這種讓自己裡外都能平衡的照顧，就是最好的陪伴品質了。

寵物跟主要照顧者的默契通常是最好的，主要照顧者扮演的不僅是食衣住行、居家醫療的最佳執行者，通常也是寵物安全感的來源。寵物依賴我們，這是無庸置疑的，但是「沒有我，牠就完全不行」，這又是另一回事了，有時候並非如此。

處於極度不安的時候，會容易無法信任別人，凡事都要自己來，不假他人之手的親力親為是我們的一份心意，但若是你先把自己累倒了，那後面都不用說了。有時候，對分離的焦慮不全然是因為寵物需要我們，而是出於我們對寵物的依賴。內心的不安全感迫使我們無法交託、無法

信任，也無法放手，哪怕只是一、兩個小時。

這個導致緊繃的因在我們心裡，不在外面，也明確提醒我們，需要回頭來照顧自己的心。為最壞的情況作打算，但同時仍懷抱盼望，信任上天自有最好的安排，為過程盡最大的努力，但是不執著於結果，這種心理素質是需要刻意去練習的。

除了不放心、無法交託外，另一個阻礙照顧者安排喘息時間的常見心理因素，是隱隱約約的罪惡感。當心愛的毛孩因病痛表現出不舒服時，除了心疼以外，有不少人還會自責，認為「牠正因我的無能而受苦」或是「幫不上忙的我是很失職的爸爸／媽媽」。若是帶著這樣的信念，那麼要抽身一小段時間去放鬆休息，幾乎是不可能的事。

因為首先，我們已經覺得自己對不起毛孩了，會不由自主想要「用力彌補」，因此對於讓自己放鬆、好過一點這樣的想法，在道德上是不允許的。只是，自我批判在關係裡不但毫無用處，還會帶給自己不必要的負擔，寵物從來不會因為生命走到末段而怨懟我們；有時候，我們對自己無聲的傷害反倒還會讓牠們分神擔心。

雖說自責是人之常情，但試著去思考：在這個階段，在牠有限的生命裡，我們的陪伴對寵物產生正面效益是基於什麼？跟在旁邊一起焦灼、不讓自己有喘息的機會，在實質上能夠分攤牠的痛苦嗎？還是，帶著較穩定的身心狀態，給予牠寧靜的心理空間，讓牠能對我們放心？我從來沒有聽聞過寵物會用病痛折磨最愛的人，牠們最大的心願都是我們能寬心。

睡眠小技巧

除了休息，睡眠也是重要的。不過有時候，即使我們試著調整自己的想法，時間、助手安排好了，也感覺自己萬分疲憊，但身體躺在床上，卻輾轉難眠；看著寶貴的休息時間一分一秒過去，卻沒有如預期般進入休息狀態，無形中反倒又多了另一層焦慮。

這是常見的自然狀態，因為當我們全神貫注在照顧寵物時，交感神經的運作使身心處於備戰狀態，一下子要從極度警戒切換到完全放鬆，通常會需要一些轉換。我們可以給身體一些暗示，例如把環境調整到適合休息的條件，關燈、減少房間光線（我聽過有人怕自己睡死，於是燈光大開的「睡覺」）、放點輕音樂；刻意放慢自己的動作、給自己來杯熱熱的飲料、深長而緩慢的呼吸、按摩鬆弛一下眼睛和頭部，這些都有助於讓身體漸漸轉換到放鬆模式。

我自己從瑜伽中得到不少利益，做幾個簡單的拉伸延展，再將自己擺在嬰兒式的姿勢中深長的呼吸，有時候會不知不覺就這麼睡著了。

關懷自己的情緒，
避免心力的耗竭

在陪伴末期寵物時，體力的透支較容易被觀察到，相對的，心力耗竭反而最容易受到忽視。俗話說「久病床前無孝子」，這樣的情況發生在飼主身上其實不算少，照顧到後來情緒失控、或甚至壓力大到希望寵物能趕快走掉，這除了來自於身體疲累，心的疲憊也是重要因素。

當我們身心俱疲時，若再看到寵物的情況每況愈下，排山倒海的無力感席捲而來，通常已失去招架的能力，於是自己先崩潰，或讓心冷卻提早退場，麻痺自己不再去感受牠的苦處。只要試著照顧自己的心，這些容易讓人後悔不已的憾事，都有機會避免。

觀照自己的心之所以重要，來自於心是所有舉動的源頭。沒有受到關照的情緒，若已滿溢則將如水壩潰堤，崩毀坍塌、所到之處無不毀壞；若是心死乾涸，則魚蝦飛禽無一倖免，龜裂的河床毫無生氣，失去原本的滋養能力。太多或是麻木，都不是好現象，情緒如水，你無法控制它，所以適時讓它流動，在這個高壓力的階段就更顯重要。

「喘息」本身就是調節情緒壓力的方式之一。如同連續加班之後，我們通常會想要大吃一頓、或是三五好友聚在一起說話吐苦水，這些都是慰勞自己的方式。陪伴末期寵物，是一段既甜蜜又沉重的加班期，希望永遠都不要有下班那一天，但身心壓力是老老實實堆疊在肩上的；因此，適時關懷自己的情緒需求，讓心有機會休息，才能有足夠的心理能量去面對外在的挑戰、調適內心的煎熬。若對自己的情緒需求毫無覺察，就

會像不斷被掏空的銀行，有天將因超支而破產，直接關門倒閉，這是對
於照顧者最不樂見的情況。

回應自身情緒需求，
調整到剛剛好的狀態

關照情緒壓力的第一步，是自我覺察，我們需要留意內在正經歷哪些
情緒。例如大部分的照顧者，都會有很多的害怕：害怕病情失控、害怕
死亡靠近、害怕想像天人永隔的那一天、害怕寵物會離開自己身邊、害
怕自己做得不夠好、害怕自己做錯決定。

也有很多的擔心，擔心寵物會不會怪自己、擔心自己沒有符合寵物的
需求；難過更是絕大部分照顧者的心情基調，看到寵物受苦的心疼、感
受到分離在即的失落、想承擔寵物的痛苦卻幫不上忙；而使不上力的無

力感、不曉得還可以做什麼的無助感、對未來失去盼望的沮喪，常讓人不知道該怎麼走下去？該如何抉擇？甚至有些情緒比較激烈，像是生氣：氣自己、氣寵物、氣伴侶、氣醫師、氣老天。

　　以上這些羅列出的情緒，也只是照顧者心境的冰山一角，還有好多好多複雜的情緒，等待我們去傾聽自己的內心。情緒就像屋子裡的警報器，它是一條線索，提醒我們看向內心。照顧末期寵物所出現那些壓迫、複雜的情緒都是在提醒我們，內心正在動盪著。因此，我們需要適時回神，回來關照那個驚嚇、不安的自己。

　　很多人對於自己的感覺是不敏銳的，尤其在高壓力之下更容易被情緒操控卻不自知。例如寵物狀況不好時，我們可能是害怕、焦慮、難過、無助、疲乏的，但若不察，沒有及時回過頭來安撫自己、照顧自己的心，就有可能在情緒催化下，無視寵物的難受而以幾近粗暴的方式強迫進行照護行為；又或者，我們也容易把滿溢的情緒轉嫁給醫生，像是緊緊抓住、希望透過任何還可以做（但不一定有效）的醫療行為，解決內在的困擾，不然就是以指責掩蓋自己的無法接受，無論指責的對象是醫師或自己。

　　察覺情緒是指如實的「感受自己」，但並非是陷溺在該情緒裡，也不是要抵抗它。我曾經看過一個真人真事的訪問，說一個法官被冤死的鬼魂托夢，希望法官重啟調查，讓真相得以被看見，當法官正面回應之後，便不再「被拜訪」。

　　每一種情緒都是一個信差，它在提醒我們，內在有一些震動，需要回

來觀照自己。但常常我們對待情緒像看到鬼一樣,選擇不聽、不聞、不感覺(無論出於何種原因),把情緒妖魔化,因此當情緒出現時,我們可能毫無察覺自己正在經歷什麼樣的心理狀態。

所謂的「覺察」,就像那個法官應對鬼魂所採取的態度,看到情緒的存在(體察情緒感受,但不要被拉著到處走,不陷溺在裡面),承認它的存在(承認自己有這樣的情緒,但不去評判該感受),允許它可以存在(不逃離、不抗拒,讓它得以被正視)。通常這樣做時,這個情緒便已經完成任務,如同鬼魂被正視、被回應,含冤得雪,就能夠安息了。

面對情緒,我們需要做的是「向內關照」。比方說焦慮,當我在焦慮時,第一件要做的事是去發掘「我知不知道我在焦慮」,然後是我如何回應我自己,接著去觀察我有沒有受到焦慮的控制。要做到這樣,是需要練習的,特別是我們從小並沒有被教導如何回應有情緒的自己,但這樣的練習對於處在陪伴階段的我們、被陪伴的寵物,都會有偌大的好處。

為什麼多有好處呢?因為你沒有的,你給不出去,而你有的(特別是偏負面的情緒),寵物都會接收。這無論是從動物行為學、心理學、能量層面去看,都是成立的。在進行寵物心情安寧照護時,我們關注的除了身體,更是心靈層面。因此,回應好自身的情緒需求,才有餘力帶給寵物安穩的情緒與心靈氛圍。那些把「我沒關係,牠好就好」掛在嘴邊的人,其實是騙不到自己的寵物的。有時候,牠們反而會因此更產生愧疚感、甚至產生罣礙。

當然,自我觀照的能力不可能一步到位,往往都是碰到了,才在風雨

飄搖下發現自己過去的累積根本難以從容應付。老病死本來就不是什麼輕鬆的功課，大部分人也多是做中學，因此，對自己寬容些，先接納目前尚不足的自己，升起一個意願，願意在這個不舒服的過程中陪伴自己，這樣的面對，就是十足勇氣的表現，你將帶領自己度過風暴，也能正面影響到你的寵物，使牠對現況安心、對你也放心。

好好關懷自己，在有限的時間內，好好互相陪伴，好好去愛，這在安寧的階段，真的太重要了。

關懷自己的心，你可以做的 5 件事

情緒看不見、摸不著，講到關懷自己的心，聽起來挺虛無的，但關注情緒壓力的作法很實際，一樣是從有形的身體開始著手。身體、情緒、想法是環環相扣的，這其中又以呼吸作為橋樑。

觀照身體的部分我們在前面已經有提到，留下喘息時間或做簡單的活動，都是可嘗試的方式；而貫穿本書的篇幅，都是著墨在想法上（關於寵物生命走到盡頭，我該如何看待），這邊就不再贅述；所以剩下的，就是呼吸和釋放情緒，以下的內容，是關於情緒調節的常見作法。

1. 深呼吸

緩慢而深長的呼吸，有助於讓心沉靜下來。照顧末期寵物時，我們常常處於高速運轉的狀態，無論是身體要快速完成眼前的任務或是心裡著急，我們都會不由自主的思考，思緒的特性是一個接一個，往往就會陷

入腦袋的迴圈裡，停不下來，也無法安歇。

所有的能量集中在頭部，負責感受的心，卻缺乏我們的照料。試著從幾次的呼吸開始（鼻吐鼻吸），可以的話眼睛輕輕閉上，呼吸的時候不需要任何的觀想，就只是單純的呼吸，並且感覺自己的氣息。

吸氣的時候感覺鼻孔內涼涼的，吐氣的時候感覺溫暖（若是吐氣感覺較不明顯也沒關係，就安住在你的感覺中），讓自己的專注力放在感受吐氣吸氣，就這樣靜靜吐納一會兒。

你不需要計算次數，也不需要控制呼吸的深淺長度，只要把注意力帶回到呼吸上就好。有些人在這邊也許會發現，自己三兩下就被念頭帶走了，這很正常，因為我們高速運轉的腦袋是不停歇的，若是發現自己已經不曉得飛去哪裡了，只需要溫柔的把意識再帶回到呼吸上就好。

有時候，僅僅是呼吸一段時間過後，有些人就會感到較為放鬆，因為我們的念頭不再像失速列車般橫衝亂撞，意識還是持續進行，但只專注在一個點上；如此，這段時間不被用來擔心、焦慮，自然會感覺到輕鬆一些。此外，規律的呼吸啟動身體的調和機制，讓交感、副交感神經能夠平衡下來，從高度緊繃擺盪進入和緩放鬆的狀態。

通常練習這樣的呼吸一段時間後，可以再加上身體覺知。首先，你只需要簡單去感覺身體和椅子（或床）的接觸面，如果是坐著，就去感覺臀部的感覺，我們的體重下壓，因此臀部與椅子的接觸面是會有感覺的（例如壓迫的、熱熱的），就是去感覺，不需要分析。之後，可以試著

去感覺肚臍以下（相當於骨盆腔）的位置，讓吸氣時下腹凸出，吐氣時把氣吐乾淨，深長而緩慢的呼吸。

當我們把注意力放在身體上，除了意識停留在單點外，焦躁、紛亂的氣會慢慢下降，從腦袋下降到身體裡，心神會從腦袋回到心這個部位。

試著做看看，並在結束後感覺一下自己是不是有比較放鬆，或是神清氣爽；有時候反而相反，會感覺特別疲憊，那意味著身體的疲勞終於得以被看見，好好讓自己休息一下，是必要的。

如果焦躁到無法靜靜呼吸，也可以用走路的方式替代。不要快走、但也不需要刻意放慢步伐（當然如果自動慢下來，也很好），只要走的過程中，將專注力放在腳底的感覺，跟地板接觸的觸感——腳跟、腳板、腳指頭，單純的去感覺，也會有一樣的效果。

2. 哭泣是 ok 的

哭泣是可以被接受的！或者說，哭泣對於紓壓和身心的平衡是有正向幫助的。很多照顧者會壓抑自己想哭的感受，無論是出於不希望自己的低落影響到寵物，或是擔心越哭越陷入低落裡，怕自己一哭就變得軟弱、失去照顧的力氣。

其實，哭泣是應該要被允許的；或者說，我們應該要允許自己與生俱來的能力，用自然湧出的眼淚來淨化體內的毒素，使壓力得以釋放。越來越多研究指出，流眼淚是身體排除廢物的方式之一，與流汗、排泄、吐氣是相同的概念，並認為若是人們壓抑自己想哭的衝動，對於生理、心理的困擾會變得更為敏感，不舒服的感覺將大幅增加。

哭泣不只在身體層面排洩掉壓力賀爾蒙，在心理層面也使人釋放壓力。人在好好哭泣過後，腦波會變得較為和諧，血壓、心跳、體溫都有顯著下降，而這些生理指標是人在深度放鬆時會有的呈現；相對的，在只是運動、而沒有哭泣的人身上，上述的指標毫無變化。換句話說，哭泣不但能恢復生理機能的平衡，也會釋放壓力。

越來越多的心理治療師同意，哭泣是悲傷之人表達情緒的方式之一，尤其是在經歷失落事件時，哭泣是一個人在表達哀悼、以及情緒復原過程中，重要且必要的經歷；而美國發展心理學家 Aletha Solter 更指出，哭泣有助於釋放壓力，使人有能力從創傷中修復。

反過來說，若是硬撐著不許自己掉淚，反而喪失了紓壓的機會，讓自己的身體、心理，禁錮在越發壓迫的壓力鍋中，面對即將失去牠的心理壓力，反而更難以調適。

雖然知道哭泣在這個高壓力的階段，是一種具建設性的行為，有些人更是察覺自己有想哭的衝動，卻因為心裡的顧慮而硬生生吞回去。不希望自己的低落影響到寵物，不想在寵物面前掉眼淚。

其實這是兩回事。我們若是感到沮喪、失落，無論掉淚與否，那些感覺都是一直存在的。寵物不會因為我們佯裝沒事、避而不談，就什麼都不知道。牠們不僅感受得到我們的身心狀態，也讀得出我們的心聲，情緒是騙不了牠們的，即便壓抑也是一樣。

反之，若是我們有經過好好的釋放，再回到牠身邊時，牠能感覺到我們變得較為自在、放鬆。若是不希望自己釋放情緒時去衝擊到寵物，可以選擇不在牠身邊的時候進行，這也說明了偶爾出走一下、安排喘息是如此重要。

情緒其實是一個歷程，有一個開頭之後，只要你願意讓它流動，它是會走完的。尤其是照顧者的壓力，往往都如洪水猛獸般，只要你願意開個縫，給自己一個安全的環境抒發，哭泣到一種程度會自然和緩下來的。很重要的一點是允許自己流淚，就是單純的哭，但不跟著腦袋的情節走。

人在情緒滿點時，很難有好的決策能力。也就是說，我們的理智和判斷，是建立在情緒得到紓緩後的結果。讓情緒得以流動，理性和感性才有機會整合。等到哭泣漸緩後，我們需要回應自己的情緒，而回應自己情緒的方式，決定了這場哭泣是以建設性或是破壞性收尾。

不少照顧者有這樣的經驗：在照護上受挫時，跟懂得自己難處的人訴說，雖說問題不一定有解決，但是至少心裡的負擔好像減輕許多，也有多一點元氣來面對挑戰；相對的，若是跟毫不了解、無法同理的人談論，只會越講越無力，甚至到後來都懶得講了，心情也越來越悶。

差別就在於「同理」。跟自己內在的對話也是如此,如果感覺到悲傷、低落,心裡的OS卻是「沒有啦!不要想那麼多啦!」來否定自己的感覺,就如同無法了解我們感受的人的口吻,會把自己推進更深的黑淵。

反過來說,如果能適時回應自己:「我會悲傷是因為我很珍惜牠,我此刻正在經歷分離的逼近,我很不捨、害怕,但我允許自己流淚,因為這是我現在需要的。我用我的真心,在看照這一切。」承認自己在難過,接受自己會難過,並且願意陪伴這個難過的自己,是我們在回應時,能夠帶給自己的安撫和保證。

3. 找到聆聽的朋友,
暫時遠離無法同理的對象

一個能夠同理的人,聆聽時的眼神、回話的內容,會起到一種支持的作用。有時候,人在情緒中需要的不是被說教、被給建議,一份「你的心情我懂」的瞭解,就是心靈傷口上最溫柔的輕敷。好像一個馬拉松的跑者,在休息小站補充水分後,又有力氣繼續向前。我們選擇傾吐的對象,就像個中繼站,使自己在壓力獲得紓發之後,回到家有力氣繼續照顧。因此,慎選傾吐對象就變得極為重要。

無法同理我們處境的人,哪怕心懷善意、希望我們能好過些,但沒有同理的基礎,就很難起到支持的作用。「善意的建議」、「理性的分析」有時不但無法進入心中,反而還會感覺被指責或被漠視。我們無法期待別人以希望的方式回應自己,也因此,找到對的人作為傾吐情緒的管道,才是我們絕對可以負起的責任。

很多女朋友、太太，在情緒滿溢的時候，很自然會找自己的男朋友、先生抒發，但這不一定是明智的選擇。因為男性通常是以解決問題為導向，他們擅長分析、沙盤推演，但不會去回應情緒，若是你身邊的男伴是這種屬性，不要為難他們。

有些人也可能會把獸醫師當成情緒的出口，希望得到醫師的安慰，其實也不一定恰當。醫生的職責是分析病情、給予建議，未必擅長安撫情緒，醫師的角色適合跟你討論病情的發展，可能不是理想的情緒出口。請找對的對象做對的事：找醫師談病情，找病友談心情。例如網路上有不少末期／老年寵物的飼主社群、能夠同理你的閨蜜，甚至是你自己，都比在錯的人身上尋求溫暖（可能越講越挫折），來得有明智多了。

4. 做自己的神隊友

講到這裡，你可能會發現，其實這條路上，很需要「支持」的力量。你是你自己最忠實的啦啦隊嗎？還是你常常扮演第一個打槍自己的人？「沒有完美的照顧，只有剛剛好的照顧」，這是在陪末期寵物時，需要常常提醒自己的觀念。

與其對自己嚴厲的說：「你要堅強、你不可以哭！」，不如告訴自己：「我很努力了，我做得不錯！」，這會成為內在的正向支持，讓照顧這條路走得長久、平穩。凡事要求 120 分的人，容易在半路就先心力耗竭、燃燒殆盡。反之，即使每次只有 70 分，但是寵物基本的身心有被關注到，你也能平心靜氣隨侍在側，這樣的陪伴，反而是較有品質、且能好好陪牠到最後的關鍵。

而且，寵物若是聽到我們能對自己這樣說，也會比較放心。畢竟很多寵物來到主人身邊，就是扮演著激勵、鼓舞的角色，看到我們有試著接手自己的感受，大部分的寵物會放下心中的擔憂，心裡會比較平安。

不少寵物來到我們身邊，是身負一個任務，藉由分離來教會我們生命的課題。面對死亡沒有人是完全準備好、能夠完美出擊的。大部分都是在痛中學，在不舒服中經歷，但也因此有機會發展出過去沒有的潛能。

也許有喜有悲，才是人生的真實。我們可以選擇不要面對，也可以選擇帶著感謝，與牠一同練習生命的功課。當寵物看到自己對我們的協助如此之大，不只是一同吃喝笑鬧，還有促使我們在痛苦中生出接住自己的力量，牠們也會感到使命完成，並因此感到自豪。讓寵物心理舒服，是我們在陪伴寵物走最後一哩路時，最重要的目標了。

5. 輔助自己的工具：巴赫花精（Bach Flower Remedies）

從身體層的照顧、呼吸引導、學習回應自己的方式以外，有時遇到壓力當頭，情緒的浪潮快要將自己淹沒，焦慮持續擴張，覺得自己似乎無力承接，對痛苦的感受一點辦法也沒有……這時除了善用身邊的諮商資源，我會使用巴赫花精來協助自己，讓難過變得可以承受，內心騰出多一點空間，使自己能夠緩一點、有餘力因應內在的紛亂。

巴赫花精是我在工作時，常建議給照顧者的輔助工具。它不是藥，是由英國的正統西醫愛德華・巴赫（Dr.Edward Bach）於 1930 年代研發，用以協助不安、焦慮、憂鬱等失衡的情緒。

巴赫醫師在行醫的過程中不僅鑽研細菌學、病理學與免疫學，更是自然醫學的先驅。他認為，負面情緒是身心健康的殺手，穩定的情緒、平衡的心理狀態，不僅能啟動身體的自癒能力，更是造就身體健康的重要元素，也因此研發用最天然、無毒的方式，協助人更貼近自己的心。

　　花精不是精油，但相同之處在於兩者皆取材於植物。精油是透過蒸餾法萃取出特定的化學成分，具有香氣，當人嗅聞香氣時，直接作用至大腦邊緣系統，也就是我們的情緒中樞，因此使用香氛，確實能協助情緒回歸平衡。

　　花精，則是利用日照法、煎煮法，將特定花朵、樹木的平衡能量汲取至泉水中，添加白蘭地協助保存，也因此花精不會香，只有酒精味；花精產生作用的層面更為細緻，我們可以說，精油是作用在物質身體，而花精則是以能量（訊息）的方式，作用在情緒身體上。

　　巴赫花精最有名的是複方的急救花精，急救花精在歐美普及的程度，大概類似於台灣的綠油精、白花油。其實，巴赫花精總共有 38 支單方，也就是包含 38 種植物。每一種單方花精陳述著一種特定的情緒狀態，透過挑選對應自己情緒、想法的花精，能展現出照顧自己的意願、聆聽自己內心的聲音，並學著像植物一樣，以穩定、溫柔的方式，帶給自己需要的支持。

我常用來協助末期寵物照顧者的花精選項

聖心百合 STAR OF BETHLEHEM

聖心百合的主題是情緒創傷，摯愛即將在未來與我們分離，這種
情緒依附斷裂前的震盪，本身就是一種創傷。此外，此時的我們很
容易回到孩童般的心智狀態，過去未受療癒的情緒傷痛有可能一起
被勾起，過去的、現在的，持續共振中。

當我們使用聖心百合，等同正視自己受了傷，正視、承認、關照在哭泣的內心，但不急著否認情緒或將之掩蓋，僅僅是願意陪伴這樣的自己一會兒，我們的心便會得到陽光般的溫暖，雨過天晴後，便又有多一分力量來面對。

菊苣 CHICORY

菊苣的主題是關係裡的姿態。雖然表面上看似是我們在照顧寵物，但不可否認的，牠們長期的陪伴和同在，對飼主而言是心理層面很大的支持，很自然成為我們生活的重心、也是心靈的避風港。當寵物因老病而衰弱，無法像過去一樣帶給我們歡樂和正面力量時，這份習以為常的暖心感一下子消失了，就好像習慣了依賴拐杖走路的人，沒了拐杖突然覺得自己雙腿無力、無法行走一樣。

菊苣陪伴我們，在這樣的時刻對自己寬容，知道此時偶爾的脆弱是正常現象，放下寄望別人能給予拍拍的期待，放慢腳步、走進自己內心裡，關照內在需求，讓自己成為自己最大的支持者，使得暖心感不依附外境的生滅，從內而外源源湧現。在陪伴寵物時，不是像個孩子一樣顫慄、緊抓著牠，而能以穩定的心好好面對、好好陪伴，帶給牠最深度的平靜。

甜栗 SWEET CHESTNUT ＋荊豆 GORSE

甜栗和荊豆在巴赫醫生建立的情緒分類裡，分別屬於絕望、懷疑的分類，它們共同都代表不同程度的絕望感。無力感、無助感，是

我常用來協助末期寵物照顧者的花精選項

照顧者在這個階段常常會有的感受，這些感覺常壓得人難以喘息。末期的日子看不見希望，面對醫療、照護帶來的幫助越來越少，雖不願就此被打倒，但一個人苦撐的感覺好像被困在谷底，沒有出路。生活變得茫然、痛苦，若再加上其他層面的挑戰，更容易感覺自己孤伶伶的面對不知何時結束的黑夜。

使用甜栗＋荊豆，是創造出一份「願意」，陪伴自己走在失落的低谷中；當絕望感油然而生的同時，能記得「黎明前的夜是最黑的，但也意味著黎明即將到來」，因而有多一分勇氣跟沉著，在黑暗中靜靜與自己同在。

岩薔薇 Rock Rose ＋白楊 Aspen

人是習慣的動物，我們傾向把事情安排得好好的，讓一切都在掌握之中；偏偏末期寵物的發展，會有很多的未知和不可預期。尤其是病況不明、或較易出現瞬間變化（如心衰竭、癲癇），常使照顧者處於不間歇的恐慌中，甚至無法思考。

對於這種鋪天蓋地的顫慄若是沒有自覺，我們容易被恐慌的感受驅使，以至於理智當機，無法冷靜做出恰當的決策，也失去內在的沉靜去綜觀全局。最困擾的是，恐慌不止讓自己緊繃、無法靜下來思考，同時也會感染到身邊的寵物，讓牠們也處在恐慌瀰漫的氛圍裡（就像 921 大地震後人心惶惶，久久無法回神），這是在陪伴末

期寵物時，最應該避免的。岩薔薇＋白楊，能平撫我們的恐慌，在使用同時可以輔助有意識的呼吸，一點一點讓自己安定下來。

紅栗 RED CHESTNUT

照顧末期寵物的時候，有一類型的照顧者很容易杯弓蛇影，一有症狀就急著立刻要看到醫生（無論多小的症狀），去醫院比逛超市還頻繁，沒有跟醫生講到話就無法安心（即使醫生常常沒有多做什麼，只是請你再回去觀察）。

我們需要分辨的是給獸醫看究竟是自己的心理需求，還是寵物真正的需求。不要忘了，上醫院本身對寵物就有一定程度的緊迫，必要的時候看醫生會帶給牠好處，但若非必要卻常去醫院逛只為了讓自己安心，也許反而增加寵物不必要的身心負擔。自己嚇自己最恐怖，容易處於過度擔憂、焦慮，承受的壓力直線上升，總是處於惶惶不安中。如果牠吃得少一點、活力差一點，我們就覺得完蛋了，但應對恐慌的方式不是回頭來觀照自己，反而是想要逼牠做些什麼（多吃一點、做一些醫療處置），希望藉此消除擔心。

面對末期的自然生理變化，有些是醫療可以輔助的，有些則否。紅栗帶給我們內心的沉著，讓內心較為平衡，我們雖然需要為最壞的狀況做準備，但一方面也能抱持最正向的期待。不疾、不徐、不躁進，成為寵物身邊最穩定的存在。

此外，「牠好就好，我沒關係」這種想法，不但容易讓自己失衡，

我常用來協助末期寵物照顧者的花精選項

也容易讓寵物對我們擔心、甚至出現不必要的罪惡感。紅栗提醒我們，在陪伴的過程，在你好、我好之中取得平衡，才是「我們一起好好的」根本基礎。

松樹 PINE

松樹的主題是罪惡感。自我檢討能幫助我們在人生中進步和提升，這是一份好的態度；但當自我檢討過了頭，成為自我批判，並無時無刻、有意無意都在自我攻擊，那麼這份自省反而成了消耗自己的毒藥，無益於事情本身，無形中也耗損生命能量和自我價值。

隨著病況的變化，照顧者心中很容易會出現「要是我早一點發現……」和「早知道……」這樣的想法。我常聽到每半年做一次健康檢查，飲食、生活、保養都已做到極致的照顧者，仍然覺得寵物生命走向終點是自己的錯，但有時候，只是老化到了盡頭。

如果我們抱著不符合客觀事實的自責、愧疚，認為都是自己的錯，是無法平心靜氣陪伴寵物的。我們的決策依據也常是出於彌補，卻不是寵物真正的需要。陪伴末期寵物時，很重要的是透過對話來照顧牠們的心，若是自覺心有虧欠，不但無法坦然面對牠，也等同於在牠面前不合理的踐踏自己。帶著贖罪的心態並不會迎來幸福。坦然接受自己、接受事實，聚焦在接下來你可以如何陪牠一起勇敢面對，反而是這個階段需要練習的能力。

櫻桃李 CHERRY PLUM

　　櫻桃李的主題是越壓抑越緊繃，把自己推到瀕臨崩潰的邊緣，讓理智線常常斷電，出現情緒和行為失控，甚至出現粗暴的對待方式（通常伴隨事後的後悔），或是無法理智分析思考，只想趕快把牠安樂死掉讓彼此都解脫。

　　安樂死本身不是問題，只是這樣的呈現，顯示照顧者本身的壓力沒有得到適當的照顧、釋放。感受本身並無對錯，是我們應對感受的方式，決定了壓力會成為阻力或助力。聆聽自身感受、面對自己時，是坦然多一些？還是抗拒多一些？使用櫻桃李，協助內在進行連結，關心自己的內在小孩，在小小的壓力浮現時就能即時關照、幫助釋放，讓自己不再成為隨時瀕臨爆炸的壓力鍋。

胡桃 WALNUT

　　胡桃的主題是適應變動。適應變動本身就是耗費心力的，末期狀態充滿各種變動，我們的生活步調變得不一樣，情緒狀態也不是自己熟悉的，無法像過去一樣從寵物身上獲得情緒慰藉；臨終的過程也是陌生的，這種種的不確定因素，需要花上大量心力來穩定自己的內在，以因應外在的變化。胡桃協助我們安住內在，在充滿變動的這個時期，保有彈性的能力。

「在我所愛的人死後，我值得為自己找到生命的意義而驕傲，悲傷使我面對了生命就在眼前的事實。如今，我能夠展現自己的生命價值，以及為逝者全然活下去的生活。」

——Alan D. Wolfelt

Part 3

離世後的常見疑問

「你會生我的氣嗎？」

我：「你會生姊姊的氣嗎？」

咕咕：「怎麼會？姊姊是世界上最在乎我的人，看她難受，我也不好過。我不氣她。請你告訴她，我不氣她。我只是愛她。」

寵物離世後，生前最後的記憶片段，容易不由自主的闖入照顧者的念頭，越是痛苦的，越容易自動播放，還常會重複跳針，反覆想到當時沉重的記憶，彷彿跟牠們的相處，只剩下最後那段不堪回首的畫面。後悔，是當人痛失寵物寶貝後，處在失落中很常見的情緒反應，而且是自動化的反應。

　　當照顧者反複訴說著自己的後悔，常得到的回應都是：「你不要想那麼多」、「已經過去了」、「你再一直想結果也不會改變」。其實，這正是最令人感傷之處。

　　就是因為知道結局不會改變，但分離的巨大痛苦又讓人難以嚥下，我們的理智腦與情緒腦完完全全脫了鉤，這種內在的撕裂感，讓人亂了套，進退兩難。無論身邊有沒有人能耐心傾聽，我們都需要正視這個跳針反應底下的內在，真正在泣訴的是：「我很抱歉，我做錯了！」

　　承認犯錯是困難的，那意味著錯誤導致一個代價：有人需要負起責任。在生離死別這件事上，偏偏主導的人還活著，而接受安排的寵物已不在人世。甚至有些人會覺得，是自己錯誤的決定，讓寵物用生命付上代價。這是多麼沉重的指責，有誰捱得過這麼無情的指控？

　　醫療決策這件事，從來就不是簡單的。即使近年來有了溝通師的幫助，讓寵物本人有機會表達自己的想法和立場，但在實務面的具體作法，依舊有很多現實條件需要考量，包括病程的發展、醫生的治療計劃、對末期照護的建議，以及飼主能付出的客觀條件。

照顧末期寵物到牠離世的過程，關於醫療方針、照護方式，並沒有標準答案，比較像一門藝術，每個不同的人事組合，就會產生個別的差異，因人而異。只是，當人處於後悔時，往往忽略了當時的客觀情境條件，只是想著「如果當時不做這個治療，牠會不會比較開心？」或「如果當時採行那個治療，會不會結局就跟現在不一樣」。我們就這樣揪著自己，反覆問著不會有答案的提問，遺憾、後悔迴盪在過度安靜的孤獨中。

有些人是會感覺自己做錯了，有些人則是會擔心，寵物會不會因此生自己的氣。

學著原諒自己，是很重要的！

個案 8. 咕咕

咕咕是一隻 18 歲的貓，在牠 17 歲那年，因為不明原因的食慾減退、體重下降，讓醫生和照顧者傷透腦筋。我想，應該不會有人在尚未確診的情況下，就放任疾病吞蝕心愛的寵物，直接宣判死刑吧？在這個脈絡上，寵物裝上食道胃管，雖進食不成問題，但身體仍持續衰退，半年後，隨著身體狀況惡化，居家照護的內容又陸陸續續多了打皮下、營養品；而咕咕的身體變化，始終無法確定問題的根源（這其實在臨床上也不少見，現今醫療還是有其極限）。沒有確診，就無法預測病情會如何發展，當然，也就無法判定牠的生命期限。就這樣，輔助性的醫療照護每天持續著，即使知道牠並不喜歡。只是，在那個當下，又有誰可能會違背醫囑，真的把這些措施都停下來？

我跟咕咕的對話，已經是牠離世後的事了。

我代表咕咕的照顧者向牠道歉：「姊姊事後想想，她覺得當時因為自己的不捨，好像做太多了，讓你多承受一些難過。為此，她想向你道歉。」

咕咕：「已經都過去了，我想她當時也沒得選擇吧！我是不喜歡，但也不曉得如果時光倒轉，那時候沒做又會發生什麼事情。也許，當時所做的，就是當下最適合的選擇了。」

這其實是我們用理智也能得出的結論。只是，過不去的不是理智，而是情感。不能改變的結果，才是真正刺痛我們的原因。

我接著問：「那你會生她的氣嗎？」這是姊姊非常在意的問題，她很擔心咕咕氣她、對她不滿意，甚至還事先提醒我，說如果咕咕不開心，要我問問有沒有彌補的辦法。

咕咕：「你說生姊姊的氣嗎？怎麼會？姊姊是世界上最在乎我的人，看她難受，我也不好過。我不氣她。請你告訴她，我不氣她，我只是愛她。」

寵物只是愛我們，只是愛著。我不曾遇過有寵物拿著放大鏡特別要揪出錯誤，或者說，在生命的時間軸上，並沒有所謂「完美」的表現。每一次的呈現，都奠基於先前的經驗，因此一次比一次更完善，總是會更好。若是一個已經學會微積分的大學生，譏笑過去幼稚園的自己連加減乘除都不會，那未免太不合理了！誰不是這樣走過來的？但我們總用這樣不合理的高標準來審判自己。

　　也許責備自己、讓自己痛，也是一種下意識的補償心態；然而，也許對寵物、對自己而言，最好的補償是從中汲取教訓、學到經驗，對自己仁慈，也對偶爾犯錯的別人寬容。若是能夠用這樣的態度來面對，我想就是寵物能留給我們最彌足珍貴的禮物。

　　不過，即使理智理解了，情緒還是有可能卡住，畢竟我們的感性腦是非理性的，死亡事件勾動過去大大小小的失落及創傷，所牽起的情緒波瀾，往往還需要理解及溫柔對待，才能慢慢歸於平靜。不過有時候，即使理解了、也道過歉了，同樣的念頭還是會像跳針一樣，冷不防反覆出現，這是出於我們大腦的慣性，是很正常的。

　　如果對自己難以釋懷，那就好好道歉吧。道歉的目的並非定罪，認定自己犯了錯、很該死，不是的。道歉，是為了要打開「自己」的心結，讓情緒得以流動，讓生命可以繼續向前，以此讓寵物得到安慰。

　　過世的寵物從來不會跟我們計較，這並非崇高的牠們寬恕了污穢的我們，而是因為牠們也理解，照顧者已經盡力了。就算覺得當時的自己有退縮，也一定要理解，那來自於自身的極限。體諒、接納自己的有限，選擇原諒自己，是很重要的。

　　在我過去溝通的經驗裡，離世的孩子從來沒有責難我們的念頭，牠們心心念念的，都只有愛與感謝。有時候，孩子甚至會因為拗不過飼主想要道歉的需求，而說「我從來沒有怪過你，但如果你需要的話，『我原諒你』，你不要再虐待你自己了，好嗎？」

　　出於愛，寵物接受我們的道歉；出於愛，寵物希望我們能擁抱自己，就像牠們珍惜我們一樣。我們的安好，才是牠們真正在意的。

　　會讓自己卡在過去的是自己，能釋放自己、走向當下的，也只有自己。要用何種方式去紀念寵物，是我們可以選擇的，決定權在自己手上。我們可以選擇自我鞭打，讓自己委靡、一蹶不振，也可以選擇承擔起悲傷，承認遺憾並由此記取經驗，讓自己成為更完整的人，用自己的生命進一步去紀念牠。

　　每個人都有被寬恕的需要，在主流宗教裡也有相同的概念。除了在心中向寵物道歉，告訴牠你很抱歉之外，如果你是個基督徒、天主教徒，你可以透過告解來面對內心的罪惡感；如果你是個佛教徒，可以透過三昧水懺的儀式，在佛菩薩的見證下，靜靜陪伴自己面對內在的糾結；如果沒有宗教信仰也沒關係，找個你信任的人，請他安安靜靜聽你說，不

用安慰、也不要給建議，光是傾聽與同在，就很足夠。

如果面對人會感到不自在，那麼，找一個不被打擾的空間，提起筆，在信紙上寫下內心的抱歉，請寵物原諒，用安全的方式將信燒給牠，在燒的過程中保持靜默，凝視著火焰、凝視著自己的內心，知道牠會收到你的心意，並體驗當下的感受。

除了請寵物原諒之外，還有很重要的一個環節，就是我們願意選擇原諒自己。選擇寬恕自己，看到自己的努力，接受自己的有限，不以期待中的高標準來審判自己，接納自己就是一個宇宙運行底下的平凡人。回頭來看我們可能有不足，但我們也有能力學習和修正，學著接納人生會有遺憾，在遺憾中讓自己成長。

無論是何種形式的道歉，都不要忘記在結尾時承諾牠，你會越來越好；承諾牠，你會將過去化為養分，帶著牠對你的愛活出燦爛的生命力。

「死亡來得太突然，
還有什麼我能為你做的嗎？」

Soda 的心意非常清楚，牠要求的不是自己解脫、也不是違逆人性的要飼主不要難過，也許就是因為牠明白無法釋懷有多難受，才邀請家人一同參與，好好回顧、讓愛流動，並在任務圓滿後好好說再見，有意識的走完強行被中斷的生命歷程。

死亡帶來悲傷，即使我們在牠生前做足了心理準備，生活中少了活生生的牠，那種巨大的失落、空洞，仍會非常突兀的佔據我們的生活。若是寵物的過世屬於意外、突然到讓人毫無心理準備，或發生的時間過短，尚未從震驚中回過神，轉眼就得面臨更大的震驚——死亡。通常這些無預警的驟逝，帶來的衝擊特別劇烈，就好像被失速的火車高速撞上，內心的感覺魂飛魄散，不但失去了秩序感，生活也全亂了套。

有的時候，死亡就是這麼突然，沒有預警，讓人連做心理準備的時間都沒有。真的遇到，就是發生的那一刻。我們置身於現場被迫接收情境中所有的訊息，衝進眼簾的是不想看到的畫面，闖進耳朵的是不想聽到的消息，極度震驚之下彷彿有一瞬間全世界就這麼凍結住，沒了呼吸、沒了心跳、沒了時間、沒了地點、沒了概念。

「不是，這不是真的！」也許你試著這樣告訴自己，但再下一秒，難以置信、排山倒海而來的混亂，就像拳王阿里的一記重擊，毫不留情將人狠狠打趴在地上，令人久久無法回神。

突如其來的死亡，讓我們沒有足夠的時間調適情緒、分析狀況、採取適切的因應方式，這種在當下「只能概括承受」的身不由己，不只讓人倉皇失措，更震撼到最根本的生存安全感。震驚、驚嚇的感覺，如同短路的電流在腦袋、身體裡胡亂竄著，人像失了魂般不知該如何反應。最後一刻（或臨終前幾小時）的畫面也常無預警闖進腦海。當下雖知道自己在進行什麼，但又感覺有些恍惚，彷彿做了場噩夢，只是這夢似乎沒有要讓自己醒來的意思；醒來，面對到牠不會再回來的事實，從心深處的哀傷嘶吼就這麼引爆開來，炸得自己粉身碎骨。

因為寵物不會表達，一切都靠照顧者的日常觀察，因此喪寵的飼主會有非常深的自責與愧疚，人們傾向認為自己該為寵物的死亡負起全責，無論死因為何；若是無預警驟逝，這種愧疚感會更加強烈。照顧者通常會反覆思索死亡當時的情境，伴隨著難以接受事實的悲憤，狠狠攻擊自己，覺得自己無知、覺得自己不應該、覺得早知道如此就不要勉強牠（不要開那台刀、不要做那個治療、不要讓牠住院過夜），好希望能夠 undo 當時的決定，做出可能帶來不同結局的決定。

一時之間要接受事實，對大部分人而言是困難的。有些人討厭這種不明不白的感覺，會想找答案，藉由離世溝通查明來龍去脈，給悲慟一個交代；有些人則擔心同樣的驚恐是否會發生在寵物身上，使沒有心理準備的牠們嚇到不知該往何處去？是否仍被病痛糾纏？有沒有平安？

通常，大部分的飼主會詢問：「你需要幫忙嗎？有什麼事我可以為你做的？」希望能夠為寵物付出，也彌補自己內心的遺憾。照顧者想要照顧、對寵物好的心，無論牠在世或已然過世，這樣的愛都不會改變。

經驗悲傷回憶愛，我在心裡陪著你

個案 9. Soda

Soda 是隻很聰明、有自己想法的公貓，過去的牠擁有強壯、健康的體魄，一直到 15 歲那年，被診斷出輸尿管阻塞、合併腎衰竭及貧血，靠著緊急手術及輸血，把牠從鬼門關前拉了回來，已經毀損的腎功能，則是靠皮下點滴、飲食及各方面的控制，維持著還不錯的生活品質。

　　慢性腎衰竭可以說是讓所有貓飼主聞之色變的公敵，一旦被確診，表示這個無法治癒、也無法逆轉的疾病，將一輩子拖累著牠。往後的病況發展因貓而異，但是只能控制卻無法痊癒，意味著問題有很高的機會漸漸惡化，直到最終整體性的危及生命。由於沒有人看得到身體的使用年限，加上動物的恢復力往往比人想像中還有韌性，若是在慢性腎衰竭階段出現急性尿毒症，通常還是會先救治再評估預後。在沒有看到最壞的狀態前，人總是懷抱著希望，想著「之前牠都耐過了，這次一定也有機會！」但生命無常，醫生也不是神，沒有被賦予改寫生命劇本的能力，因此有時候就會在祈禱著奇蹟發生的同時，卻經歷到完全反向的打擊。Soda 和牠的家人不幸就是其一。

　　在慢性腎衰竭良好控制了一年後的某一天，Soda 突然出現反常表現，經診斷這次不只急性尿毒症，還併發了胰臟炎，兩種致命的情況一起出現，這無疑是為康復之路雪上加霜。緊急處置後住院，第二天的 Soda 奇蹟似的出現好轉跡象，這如同為照顧者打了一劑強心針，懷抱希望想著：「只要再努力，就有機會像以前一樣康復了！」只是萬萬沒想到，就在感覺蒙受上天眷顧的隔天，Soda 的病情急轉直下，當天晚上醫師就發出病危通知，並在幾小時後的凌晨於醫院中過世。

　　從急症到過世，只有短短幾天，而這幾天的重心，全放在醫療搶救上，Soda 的病逝，對飼主而言可謂毫無心理準備、也無暇準備。在病危通知時意識到隨時都有可能失去牠，除了決定不進行無謂的急救以外，飼主

告訴 Soda：「我知道你很努力了，你很棒，雖然跟你分開我會捨不得，但如果你太累、覺得太辛苦，想要先走沒有關係。」沒機會回家、沒有好好道別、也沒來得及見到最後一面，死亡，就這樣發生了。

當我與 Soda 連結時，牠讓我知道牠是平安的，簡單來說，就是無病、無痛、超越肉體的限制。牠處在一種寧靜、睿智的狀態。只不過，跟大部分驟逝的寵物一樣，生前沒有機會與飼主一起肩並肩面對死亡，少了善終準備的心理緩衝，未能好好道別就倉促「被下車」，種種的遺憾和失落，就這麼跟著牠一起去到天家。**「死亡的當下，大概是我這輩了最失落的時刻了！」Soda 這麼說。**

我接著詢問：「那現在的感覺呢？有跟當初不一樣嗎？」之所以這麼問，是因為大部分的寵物在過世後，脫去了肉體各方面的限制，牠們對於生死的輪轉，在看法上會變得較為宏觀，有點像是武俠小說裡住在深山裡的千歲老人，看透世事、體現智慧。滿多的時候，我自己都覺得離世溝通的對談很像寵物在開示，透過牠們不一樣的眼界，讓我們得以用不同角度看待生命經驗。

Soda 提到牠很牽掛女主人，過去牠總是很淡定的看著女主人忙進忙出。保持著一段距離的同在，是牠守護女主人的方式。只是不知道，現在的女主人沒牠看照了，是否能把自己的心給照顧好？**牠告訴我：「我現在可以接受我已經與她分離的事實，但情緒還沒跟上呢，還有些糾結、不能釋懷；但也因為這些複雜感受實在太令人難受了，我只想要痛痛快快走過這個歷程，我想要我們都穿越這些痛苦，不再受困。」**

　　我在想，毫無心理準備的死亡事件，如同人坐在家中吃著洋芋片、看著電視，心裡還計畫著週末要去哪裡玩的當下，突然警察來敲門，不明究理就把人強行帶走，沒來得及打包、無法向任何人交代、無法請家人保重，甚至不知道自己將來會面對什麼，只留下空蕩蕩的房間、混亂的陳設，以及錯愕的趕來的人。究竟，我們的心境是像那個趕來的人、還是被抓走的人呢？也許都是吧！驚嚇、倉皇、狼狽，還有一種怎麼就結束了、被中斷的感覺。總覺得沒有好好收尾，彷彿還有什麼未完成。

　　也許我們的心，需要去把那個「未完成」的部分進行完，才不會讓一顆心懸在那兒，讓人哪都去不了、進退兩難。當我們試著打起精神、走完過程（像是未竟的心願、未完成的生命回顧、未說出口的再見），那股中斷的能量才得以繼續流動，我們的情緒碎片（或者我們飛散的魂魄）才得以安放，安放在心裡的某處，穩穩妥妥的。

　　我：「你有需要什麼嗎？你的人類夥伴很樂意協助你。」
Soda：「幫我完成一件事。拿一個物品代表我，然後帶著『我』，按照以前的日常模式過生活，就好像我還在一樣。一樣準備我的飯，回想以前你為我備飯的心情、放飯的場景、回憶起你望著我吃飯時那種充滿愛的感覺；平常，你會摸摸我、跟我說話，現在，你可以在飯後，也就是一天的結束前，摸摸我的骨灰罐同我說話，並想起以前你跟我話家常時，你都說些什麼、我是什麼表情、是怎麼回應你，回憶我們在一起時充滿愛的感覺。然後告訴我你多愛我，再一次去感受我們之間的愛。」

　　我記得以前有隻因意外身亡的狗狗，在離世溝通時也對飼主提出類似的要求。狗狗要飼主帶著自己的遺物，像是項圈或牽繩，在自家附近按

照以往散步的路線走走，這趟不是漫無目的，而是像帶著狗狗進行最後一趟巡禮，一同走著過去相伴走過的路，走完對這個家的記憶，以愛和回顧劃下句點。可想而知，進行的過程會經驗到很多情緒，但是愛的感覺、曾經存在過的溫暖，也確實會在回憶中重新經歷。

我暗自猜想，Soda 也許是希望透過這個部分，讓自己與飼主有機會好好進行一次生命回顧。據說，過世的寵物回到天家的首要任務，就是回顧自己這輩子的點點滴滴，與飼主相處時的互動、經驗了什麼、感受到什麼，如何被愛、如何表達愛，這些都是當下深刻的體會。

這些回憶乘載著愛與被愛的感受，等著被喚醒，這輩子這些歲月，有很多很多愛的片刻，值得被記得、被數算。我想關於這一點，離世寵物的策略是比較有效的，人多半不由自主反芻著死亡前後幾天的不愉快畫面和記憶，因而暫時丟失了過去相處時的快樂，遺忘了寵物跟在我們身邊的大部分時間都是感到幸福的。我們常是最痛恨自己的那個人，相較之下，寵物比我們還珍惜我們。

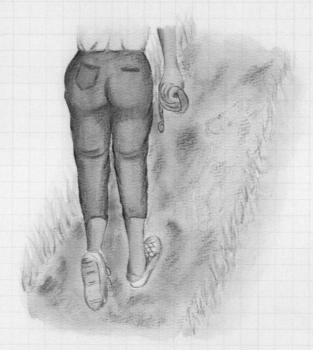

Soda 聽起來還有後續的事，要接在生命回顧之後。

Soda：「在你們（飼主是一對情侶）完成這些日常回顧之後，找個安靜、不被打擾的空間坐下來。你們要交換禮物，一個人準備給兩份禮給對方，一份是代替我給的，一份你自己挑的。（對著女主人說）妳需要向男主人說明這兩份禮物的含義，包括妳為他挑的禮物，是想向他表達什麼心意？還有，妳代替我送上禮物的同時，請先體會我對他的感受，然後用我的口吻，代我向他訴說感謝與愛。」

Soda 也叮嚀男主人也要以同樣的方式，回饋給女主人。

說到飼主，已過世的寵物往往只有愛與感謝，相較之下，在世的我們卻常被自責和懊悔佔據。我發覺，離世的寵物很常要求，要飼主為飼主自己做些事，舉凡給自己送花、吃甜點、去郊外，似乎都是希望透過在世的人為自己做些撫慰的事，以此表達牠們對我們的愛；若照顧者是一對、或是家庭，則很常見離世寵物透過不同的要求，將生者彼此之間的心拉得更靠近。我想，希望在世的人得到足夠的心理支持，以好好走過接下來的哀悼適應期，就是已逝寵物對我們的用心吧！

Soda 的要求是進行日常回顧、交換禮物表達心意，此外，還要完成一個最重要的步驟。

Soda：「在你們陪我進行了日常回顧，也交換了禮物，讓我對你們的愛、你們對彼此的愛能夠被表達、被收到後，我這輩子就圓滿了。請將代表我的物品燒掉，表示這個物質『身體』的任務也告圓滿，可以功成身退了。看著火焰燃燒時，你要在心裡對我說：『Soda 這一生已經圓滿了，我允許你走自己的生命道路，我會放手』，同時也要放下對自己的懷疑和批

判，讓那些隨著火焰一起消散。跟我說結束了，與我道別，允許我可以往前，而我，也允許你可以前進，繼續展開你的生命之路。我愛你，我們要互相祝福，不要互相牽絆。」

我：「一般人對於『往前』、『放手』有很多的誤解，他們害怕一旦展開新的生活、去適應沒有逝者的日子，就等同於將逝者遺忘，僅存的關係也就不復存在了。我擔心你的照顧者對於『允許往前』抱持相同的疑慮，可以請你進一步解釋這麼做的用意，讓他們能放心去做嗎？」

Soda：「當我來到天家，深刻體會到我上一段在人世間的生命已經結束了，再也回不去了。這種感覺很弔詭，知道結束了，但心情還無法釋懷。我可以體會我的人類夥伴有多難受，因為我自己也正感覺難受。也許我們都不該與這樣的痛苦糾纏，如果我們願意放手承認的話。我希望我們每一個人的心都能獲得自由，不再被拘禁在糾結的牢籠中，而我們每一個人都是讓自己重獲自由的關鍵，至少需要去嘗試。也許有一天，為我感到圓滿能讓他們心靈平靜；同樣的，當我看到他們內心擁有平安，我也能夠為他們開心。」

　　聽著 Soda 的口吻，偶爾會有牠才是照顧者的錯覺，但無論如何，Soda 的心意非常清楚，牠要求的不是自己解脫、也不是違逆人性的要飼主不要難過，也許就是因為牠明白無法釋懷有多難受，因而邀請全部的家人一同參與，好好回顧、讓愛流動，並在任務圓滿後，能夠好好說再見，有意識的走完強行被中斷的生命歷程。

　　死亡，縱然使得肉體消亡，但是儲存在我們與寵物間的愛，不會因為物換星移而憑空消失。即使是離世的寵物，有了更高的智慧，牠們也有自己的情緒歷程要完成。對 Soda 而言，來自飼主最好的禮物，莫過於能讓彼此的心得到自由；這自由並非來自遺忘，而是深深的悼念、如實的接納，並以愛珍惜自己和身邊的人。

「哭泣、想念，
會讓你走不了嗎？」

想念與哭泣，很多時候是不請自來的，它就是一瞬間湧上來的感受，並非經由理智思考所得的結果。震耳欲聾的思念與淚水不是問題本身，僅僅只是作為一個提醒，它在向你揮手，提醒受了傷的自己慢下來，為自己舔舐內心的傷口，要花時間陪伴自己，好好療傷。

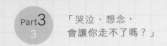

　　我曾經聽過一個說法：「寵物離世後，照顧者不應該想念寵物、也不應該哭泣，因為我們的想念會讓寵物心有罣礙，阻饒牠們前往更好的地方」。我想這個建議立意是良善的，為了確保過世毛孩有更好的歸屬，作為愛牠的人，我們應該謹言慎行。

　　思念、哭泣本身，是否真的會讓過世的寵物走不了？這是很多人的顧忌，也是很多熱心人士拿來勸退悲傷的論調。當過去的溫馨畫面闖入腦海、當悲傷不請自來時，基於上述的認知，人們硬生生打斷過去那些愛的畫面、壓抑自己的悲傷，既無法以回憶中的愛滋養自己，也不容許自己面對真實的空洞而哀傷；又或者，是在哀傷後感到惶惶不安，不曉得自己「情緒失控」是否會為寵物帶來不好的影響。就這樣，我們不容許自己以最自然的方式表達心裡的感受，更厭惡自己這些自然的反應。寵物過世了，我們失去的不僅是寵物，還有對自己的愛與包容。

　　寵物究竟會不會因為我們的悲傷而心有罣礙呢？或許，我們可以從寵物過世後，其靈魂所經歷的心路歷程，去體會牠們經歷了什麼？進而從中揣摩，真正會造成牽絆的可能原因。

快樂與悲傷 同屬愛中的回憶

個案 10. Mico

　　Mico 是一隻壯年的可愛小狗。不同於其他老死、病死的個案，牠在一般認為離死亡還相當遙遠的歲數，於一場意外中過世，享年七歲半。在這之前，牠身體健康、活力四射，從認養到融入家庭，中間還經歷了家中新成員的誕生，正當彼此的相處漸入佳境，彷彿幸福的大門漸漸為這

個家開啟，Mico 的生死簿就這麼被大筆一畫，與家人聚首的時間凍結在第六年第七個月。

因為事出突然，完全沒給人轉圜的餘地和時間，可以想見爸爸、媽媽內在受到的震驚很大，然而這一切內心的餘波盪漾，都被飼主給默默吸收、消化掉。媽媽在 Mico 過世後的兩週內，仍然維持著過去溜狗的日常行程，在每一趟漫步當中，回憶、紀念著過去共同散步的美好時光，並在心中對著 Mico 進行四道（道歉、道謝、道愛、道別），也叮囑 Mico 不要牽掛，好好的走。

當媽媽來找我的時候，已經是 Mico 過世約四個月後。我可以感覺到媽媽對於 Mico 的事情仍帶有虧欠，即便她明白那真的是場意外。來不及給出的愛，或許是所有飼主心中都會有的自責跟遺憾。媽媽希望透過我，傳達愛與祝福，並再一次叮嚀 Mico 要好好跟菩薩修行去。我明白在這些看似簡單的叮嚀底下，是來自於一個家長最深切的愛和疼惜。我與 Mico 的對話是這樣開始的：

我：「媽媽很愛你，她時常想念你，她形容你是一個非常乖巧的孩子，意外發生後，她一方面捨不得，一方面又希望你能好走。現在的你，過得如何呢？」

Mico：「該怎麼說呢，說好也不是，說不好也不是。我來到一個充滿光的地方，在光中很有安全感，感覺在這裡沒什麼好擔心的，沒有疼痛、沒有折騰、也沒有悲戚。只是，即使我已抵達這個平安的處所，仍感到小小的失落。當我明白我作為 Mico 的這輩子已經結束了，不由得感覺震驚。這就好像你找到了一個超棒的零食，你很開心，才想要找個好地方、好時間細細品嚐時，一切就忽然在這邊畫下句點，實在令人錯愕。」

我：「意外的發生真的讓人措手不及。」

Mico：「是啊，完全毫無心理準備。雖然我接受了，但想到以前，仍舊覺得捨不得。」

　　Mico 說了很多跟家人的相處故事，每個家人在牠眼中都是獨一無二，聽著牠描述過去與家人在一起的時光，可以感受到牠仍非常懷念。

我：「聽起來你非常喜愛跟家人一起生活。」

Mico：「是啊，我每天都跟他們生活在一塊兒，家人的互動、身影、笑容、聲音，建構了我每天的生活。現在，一時之間沒有他們，我還真不習慣。」

我：「那現在的 Mico 會覺得孤單嗎？」

Mico：「其實我在這邊很多同伴，每個同伴自己都經驗著些許複雜的感受，我們都知道自己回來老家了，這邊很安全、也很寧靜，但我已經習慣有家人的同在，即使現在跟這邊的夥伴肩並肩坐在一起，仍然感覺有種孤獨感。好難適應哦！（苦笑）」

我：「在這種情況下，你平常都做些什麼呢？」

Mico：「這個地方充滿了樂聲，柔和的音樂、舒服的微風隨時都有。我們可以去到任何想去的地方，沒有限制、也沒有時程表。我可以做任何想做的事，像是在雲端觀景、曬太陽，總之就是很悠閒、也很放鬆。

只是當我想起家人時，會感覺有些想哭。在這邊有個任務，是要回顧自己前輩子的點點滴滴，我曾經試著只去想沒有他們的日子，這樣也許我就不會想哭了。只是，我發現這根本不可能，因為他們幾乎就是我生命的全部，也是我過往快樂的來源，要去回顧我的一生但不憶及他們、或是只想保留快樂的部分而不經驗悲傷，這根本是不可能的事。我沒有辦法這樣切割我自己。

我永遠無法忘懷的，是爸媽的笑容。有的時候你們直接衝著我笑，有的時候是不經意流露的笑意，但無論如何，你們的笑容給了我安全感，還有成就感。對我而言，就好像我生命中的陽光跟水一樣重要。我希望現

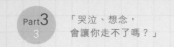

在讓你們知道不會太遲，我愛你們，謝謝你們一路帶著我長大。我最享受的時光，就是當爸爸媽媽閒閒沒事、吃東西聊天的畫面，我在旁邊，這是我們三個人最舒適放鬆的時光。

我會正面接下這個挑戰，去回顧完整的一生，去經歷快樂和眼淚。所以如果有一天，有水滴到你的頭上，那有可能是我含笑的淚滴。我生命中那些幸福的記憶，都安放在我心裡，沒有遺忘。」

思念與淚水不是問題本身，
僅只作為一個提醒

寵物與我們朝夕相處，就像刺繡線一樣交織成為生活的日常，對某些人而言，甚至是生活的重心，於情感、於依賴、於習慣，各種有形無形的層面融合在一起，我們與寵物的關係緊密連結，某種程度像是生命共同體，互相依存、不分彼此。

也因此，當寵物過世後，我們會像是做了分割手術的連體嬰，時不時就憶起「以前牠在時」的種種，牠的笑容、熟悉的反應、甚至是讓人安心的體味，這些過往的情景闖進腦海中是自然而然的，也極為正常。畢竟寵物伴我們同行，一起共度人生歲月，過去很多人、事、情境都有牠們的參與，一時之間少了一個身影，景物依舊、人事已非的失落感，是真真實實的。

我們失去的，不只是一個有毛的肉體，或許還是一段刻骨銘心的關係、一個情感依戀的對象、一個內心溫暖的來源、甚至是對這個世界的

信任感與生命的歸屬感，還有我們認為自己是誰、為誰努力為誰忙的目標。這種失去是一種被剝奪的感覺，各種層面的斷裂，讓原本建構的安定感霎時變得支離破碎。過去那份堅實的情感支持不復存在，以至於當此刻的自己身處一個過去處處有牠的環境中，很自然會被情境所觸動，那種被剝離後的不完整感，就顯得格外鮮明。

　　我們或許可以更細緻去釐清想念與哭泣這兩項行為對當事人的意義。想念與哭泣，很多時候是不請自來的，它就是一瞬間湧上來的感受，並非經由理智思考所得的結果。換句話說，它只是最終的表象，意味著在思念與淚水浮現前，我們內在更深層的部分受到震撼，以至於我們的念頭、情緒、生理，都各司其職的反應給自己知道。

　　如同保全的警鈴，它是在提醒我們留意門窗，也許空間安全正遭受威脅，需要我們格外花心思去關照。震耳欲聾的思念與淚水不是問題本身，它們僅僅只是作為一個提醒，它在向你揮手，提醒受了傷的自己慢下來，為自己舔舐內心的傷口，好好療傷。

　　我們不會為身體排毒的汗水感到羞恥，卻為心裡浮現的思念和自然的淚水感覺罪惡，這不是兩套標準嗎？或許想念本身是中性的，它確實是情不自禁的反應，然而，隨著想念在當下產生的想法，決定了這番思念是具建設性的或是傷害性的。若是允許自己悲傷，才較能慢慢與失去牠的事實貼近。允許自己經驗悲傷的痛苦，才能慢慢接受失落的事實。

　　只是，當人們在回憶時，雖然外在行為都是想念，但內在的心理狀態可能很不一樣。若以光譜的兩端來比喻，其中一種想念背後懷抱的渴望，是好希望牠回來，恨不得立刻把牠從天涯海角撈回來，再在一起生活、再說上話、再依偎在一起，這種企盼著回到過去、潛進回憶中以隔絕現實冰冷的反應，在悲傷過於劇烈、令人難以招架時，是種暫時且自然的保護機制；然而，若只是任由想法恣意蔓延，不以溫柔照顧自己的情感，便容易像《我們與惡的距離》中的女主角宋喬安，難以主動去適應兒子（寵物）不在的事實。

　　於是，便自然發展出想要趕快把寵物找回來的渴望，或在內心向寵物喊話，希望已往生的靈魂不要離開自己身邊，讓自己再回到幸福快樂裡。用這種方式麻痺悲傷，卻也讓自己動彈不得。

　　因為所關注的焦點讓自己離現實越離越遠，沒有真正傾聽自己的情緒、也不關懷自己的現實需求，只是期盼寵物再度出現，解救自己的脆弱、無助。這樣的「想念」，確實有可能使已經過世的寵物心中罣礙。

　　因為，我們沒有展現照顧自己的意願，將生命的重量全都壓在逝者身上，寵物既無法違逆宇宙運行的法則去跨越生死線，也無力承擔他人的生命之重，更沒有神通廣大到可以加速投生只為回到身邊來安慰我們。牠也在經歷著自己的修復，在哀悼自己的失去，努力適應著生命的無常法則。處在這樣階段的牠，若感覺到所愛的人無意照料自己，只任由自己倒臥在路邊、渴望著牠們來拯救，這種擔心不已卻又無能為力的狀態，確實會讓牠們心頭越發沉重。

生死兩相安，
更美好的「想念」方式

光譜的另一端是另一種想念的型態。單純的回憶，將過去的美好烙印在心中，知道自己曾深深愛與被愛過，從中提取勇氣。

透過思念去哀悼、承認自己的失去，也試著幫助自己面對現下的改變，對自己的感受溫柔以對，仁慈、不批判自己，體貼自己的需求，想流淚就痛快哭一場，想走走就帶自己出門，義無反顧的陪伴自己走過悲喜、經歷混亂。試著在回憶中去感謝、去道愛、道別，憶起曾經的承諾或在回憶中讓牠知道，我們會好好照顧自己；用過去陪伴牠的心意堅定陪伴自己，不在任何情況下切割、棄自己於不顧，承擔起照顧好自己的責任時，這般強烈的意願，正是讓已逝寵物真正放心的關鍵。

某種程度上，這樣也會鼓舞到牠們，因為我們將寵物投注在我們身上的愛與信任，體現成為自身的養分，目前雖面臨哀悼與適應的挑戰，卻也具備了面對的勇氣和能量。寵物不會樂見我們成為硬撐起笑容的面具人，一直以來，牠們最喜愛的，就是我們成為那個真真實實的自己。

不過，之所以叫做光譜的兩端，就意味著中間會有界線不清的模糊地帶。大部分的時候，我們都是在兩極中擺盪著，過去死亡發生的方式、當下觸發的情境、自己身心的能量狀態、內心支持自己的能力，都牽動著該次會往哪一頭靠近。

接受事實，通常是最困難的。接受自己會悲傷，在現代社會中似乎也

是很受到壓抑的事，因此，來回擺盪也很正常（當然，一個好的哀悼歷程應該會漸漸往第二種想念的型態趨近，只不過這牽涉到調適的能力，且每個人所需的時間都不相同）。或許，真正重要的是，我們不要否認分離的事實、曾經愛過的證明，更不否認自己的脆弱需要回頭來呵護。如此，我們才不會用外在的標準去論斷自己在哀悼時的言行舉止，也不會基於看到表象就急著去抑制、指導別人的哀悼呈現。

說到底，想念、流淚本身是沒有問題的，想起牠之後的動機，才是決定逝者罣礙與否的核心。社會上流行一種說法叫做「你要放下」，或許，我們該放下的不是寵物本人，也不是悲傷、思念、哭泣等外在行為，而是放掉對「永恆的擁有」的想望。一些電影陳述著寵物跨越生死輪迴都要找到飼主，如此這般的浪漫情節，一直是大眾喜愛的題材；只是，這樣的想望正如刀尖上的蜜，我們越是執取，就會自傷得越深。

當我們不再把回憶的溫柔鄉作為失去的補償時，確實會感受到內心巨大的空洞，這空洞引發的也許是對生命、對自己的質疑，但也恰好是一個契機，讓我們重新愛回自己，做自己最堅實的膀彎。所謂的堅強，並非把眼淚硬生生吞回，也不是硬逼自己掛上自己也不認識的假笑；接納自己的各種呈現，允許自己可以脆弱，在想念與淚水的相伴下，願意聆聽與照顧這個失序的自己，想辦法調節適應過程中的起起伏伏，並且仍然相信愛、可以愛。如實的活著，或許是關於堅強最樸實但也最踏實的實踐。

留意家中其他的寵物

存活下來的寵物跟人一樣，會經歷震驚、
感到哀傷，照顧者需要能夠辨識。此外，
請先理解一件事：牠跟你一樣悲傷，需
要你格外在情感上給予支持，關照牠的
心理需求。在適應失落的哀悼過程中，
有互相理解、能夠一起哀傷的同伴，本
身就帶來療癒的力量。

寵物過世後，若是家裡還有其牠的寵物，或多或少也會受到影響。即便生前不太親密，但同在一個屋簷下生活，少了一個習慣的身影，加上照顧者的情緒和行為變得陌生、生活規律的改變，這種種都會讓牠們感覺到生活起了變化。有變化，就會耗費心神去適應改變。

若是生前感情要好，那麼影響就更明顯了。從小一起生活到大、過去形影不離、平常都要窩在一起，這不僅是感情好的表現，也意味著情感、安全感的依附；當生活中賴以依存的重要夥伴消失時，可想而知，失去至親的悲傷、頓失依靠的震驚、空虛空洞感，也一樣震撼著寵物。動物跟人一樣有感情、有知覺，面對一個生命的消逝，受到的內心衝擊不一定會比我們小。

當寵物跟我們一樣經歷震驚、哀傷時，如何辨識呢？雖然寵物不會講話，也並非每個照顧者都具有動物溝通的能力，但我們仍然能從牠們的生理、活動力、行為表現去觀察。

身心本一家，情緒反應會展現在生理表現上，這除了在人身上是成立的，在動物也是。以 3-7 的肥肥為例，牠與我的對話中，明顯的揭示了動物在經歷哀慟時會有的身體感覺。照顧者能觀察到食慾變化，像是突然間沒了食慾、對以往喜歡的食物興趣缺缺、食量減少，這些都是明顯且易觀察到的跡象。

有些可能會反映在活動力上，例如突然間變得懶洋洋的，睡覺時間大幅增加，或是忽然對以往感興趣的事不再搭理，不再玩逗貓棒，不想理人，與人的互動變得冷淡只是自己窩著。這些活動力的「冷卻」，顯示

出牠們內心的沉鬱。除了沉鬱的表現，有些寵物對於只剩下自己的難以自處，會產生極強烈的不適應，因此無法抑止的嚎叫、極度黏主人、焦慮（特別是照顧者要離開空間、出門）、或是把自己藏起來、過度舔毛，這些都是牠們不安全感的呈現。

　　若是家中寵物有上述的表現，請你先理解一件事：牠跟你一樣悲傷，一樣面對生命中的重大改變，一樣惶惶不安。此時很重要的是，給予牠高度的支持，儘量維持過去生活的環境，包括使用物品的位置、數量、擺設，先不急著清理掉過世寵物生前使用的物件，那除了是一種空間感、也帶有熟悉的氣味。人的作息也很重要，因為規律本身就是安全感的來源，雖無法「增加」安全感，但穩定的生活作息，有助於維持住一個可預期的環境。可預期、穩定，能帶給寵物內心隱形的支持，起碼牠不用再擔心任何可能的危機發生。

　　情感的支持，更是必要的。若是不理解寵物內心的驚懼，則很可能出於自己也極度悲傷，因而無力應付牠的這些「不理性行為」：嚎叫個不停、講也講不聽，感覺牠好像是來找麻煩的；或是想要獨處時，牠卻在門外哀號、搞破壞。沒有心力去承接寵物的情緒，自己也被弄得煩躁混亂，這是不少飼主面臨到的困境。

　　這真的是個困難的局面。這時需要打起精神來照顧不安的牠，但要維持住自己的

日常也有挑戰性。也許這時候，可以先轉個想法，哀傷的感覺既然大家都有，那麼一同哀傷，至少有個伴、有照應，你懂牠、牠懂你。在適應失落的哀悼過程中，同理和陪伴，本身就帶來療癒的力量。

動物溝通則將同理帶進另一種層次。動物喪失同伴後，也會像人一樣以多面向的方式經歷到悲傷的情緒樣貌，像是難過、不安、遺憾、挫折、生氣、無奈與內疚等，在動物溝通中，得以有機會更細膩去認識牠們的內心世界，進而能更具體的去支持到牠們。豆豆的媽媽當時找上我，就是這個原因。

請體諒我，
我的悲傷也需要被看見

個案 11. 豆豆

豆豆是一隻 13 歲的母貓，來到這個家時才三個月大，當時家中有一隻三歲大的成貓草莓。豆豆不僅被草莓接納，更可說是被草莓一手帶大，過去十三年來，牠們形影不離，是養貓人最嚮往的相處模式。當豆豆 13 歲時的某天，草莓突然病倒，急性且嚴重的貧血，以及整體性的併發症，使得照顧者需要密集觀察及帶著草莓往返醫院。醫師告知病情的惡化已勢不可擋，此時醫療也無法逆轉生命的走勢，飼主也明白生命已然來到末期階段，只是，沒有預料到最後的篇章竟然這麼短暫、節奏急促。就在病發的兩週後，草莓過世了。

原本只是虛弱的草莓，在家突然出現呼吸急促的現象，於是照顧者趕緊把牠帶去急診。在豆豆的眼中，大門關上後，空氣彷彿凝結，空蕩蕩的家中，只剩下不知所措的豆豆。那一幕，是豆豆與草莓的最後一面。

等到爸爸、媽媽再回家時，帶回來的草莓成了沒有體溫的軀殼。一向與草莓親近的豆豆，只是靜靜坐在一旁，保持一段距離，沒有上前。後事辦完後，飼主明顯感覺到豆豆的行為有些變化，原本就愛說話、會跟人互應的牠，變得更頻繁的叫，不只對人、也會在空房間中嚎叫。飼主知道豆豆內心承受的衝擊不小，因而除了穩定住自己、維持日常的規律以外，也希望透過溝通讓牠得以紓解，想知道可以怎麼在心態上支持牠。

　　當我與豆豆連結上，首先體驗到的情緒是生氣、也有委屈，感覺想要哭泣，還帶著些許的不安。我想著，這種混亂在豆豆小小的身軀裡衝撞著，肯定不好受。

我先向牠表明來意：「自從草莓離世，媽媽知道你默默承受了壓力，她讓我來跟你聊聊你的感覺，也希望知道有什麼需要協助。你願意跟我說說你的感覺嗎？」
豆豆：「（一股怒氣）當時，都沒有人跟我交代草莓的過世。」

我：「關於牠的過世，你感覺很錯愕，是嗎？」
豆豆：「我當時很害怕，不知道該怎麼辦，以前只要草莓在，我都很放心；我們從來沒有分開過，即使外出也都是在一起，只要在牠身邊，聞著牠的氣味，我就安心了。但是當時，牠都不像牠了，看起來很虛弱，軟軟的，很疲憊。我很難過，不曉得牠怎麼了，我也很害怕，不知道怎麼待在牠身邊，不知道要跟牠說什麼，不知道怎麼安慰牠。」

我試著幫豆豆整理自己的處境，並回應給牠：「草莓生病之後的各種變化，讓你不曉得如何面對，也不知道怎麼對牠表達關心。」

豆豆：「我很害怕，自從草莓生病後，我每天都希望牠不要離開我們，有的時候看著牠我感覺不安，但我也不知道該怎麼辦。日子一天天過，家裡每天都低氣壓，我很傷心、很難過，我看著爸爸媽媽做越來越多的事，但草莓卻越來越虛弱，我很害怕。」

每一個害怕的背後，都透露出一種深度的不安，我進一步探索著豆豆的害怕：「豆豆害怕什麼呢？」
豆豆：「害怕牠會一直這樣下去，還有我害怕牠會不見。」

我：「你很關心草莓，不忍心看牠辛苦、受痛？」
豆豆：「是啊，當時的牠都不像牠了。我的安全感好像隨著草莓病情的惡化，也一起消退了。牠連自己都保護不了，我在旁邊什麼也不能為牠做什麼，沒辦法讓牠好一點，我很難受。」

　　無能為力的感覺，不只折磨人，動物也為之糾結。我想，眼睜睜看著所愛的對象一點一點的流失，卻沒辦法幫上忙，確實讓人感覺心碎。但豆豆也並非什麼都沒做，牠還陪在身邊，在感覺無力、無助時，仍然頂著壓力出席在現場。

於是我說：「但我聽說你一直都在附近。」
豆豆：「那是我唯一能做的了。」

　　雖然面臨沉重的心理壓力，但還是讓自己停留在當下的空間裡，這本身就是因為愛而勇敢的表現了。知道分離是否會發

生、有沒有好好道別，對於分離那刻的心理感受會產生很大的差異。我希望為豆豆釐清這個部分，也看看能否找到支持牠的資源，於是我探索著豆豆有沒有收到草莓生前的交代。

我：「在草莓離開之前，牠有跟你說些什麼嗎？」

豆豆：「牠告訴我要把自己照顧好，接下來牠會去一個很遠的地方，爸爸媽媽可能會很難過。要好好陪他們。」

我：「當時你什麼反應呢？」

豆豆：「我根本聽不下去，我叫牠不要亂說。我說牠會好起來。」

我：「你當時很難接受牠跟你道別？」

豆豆：「我不想道別。我只想要牠回來，變回我熟悉的那個草莓。」

我：「那牠還有再跟你說些什麼嗎？」

豆豆：「牠知道我難受、害怕，知道我不想聽，牠就沒再說了。」

我：「那在牠開始呼吸困難的時候，牠有跟你說什麼嗎？」

豆豆：「牠說著重複的話，牠說牠知道我一時無法接受，牠可以了解我的難受，但也許再見的時刻真的來了。牠說牠很愛我，也謝謝我當牠的同伴，能待在一起的時間不多了，現在牠要走了，踏上另一段旅程，牠要我保重，也要我跟爸媽待在一起。對爸媽的情分，只能來世再報，身為這個家的一分子，是牠最幸福的事。牠告訴我不要害怕，這個過程只是暫時的，很快就會過去了。」

　　豆豆講到這邊，就安靜了下來。沈默，意味著心裡有團巨大的感受，即將被釋放。

我：「然後呢？」

豆豆：「然後。牠就再也沒回來了。」

　　語畢，感覺豆豆小嘴一癟，一股情緒衝上來，放聲大哭了起來。這股悲傷的情緒得以被看見、被承認，就等同於壓抑的能量得以流動，釋放了就不再糾結住牠。

　　在感覺豆豆較為平緩後，我進一步探索，聽起來草莓是有想要好好道別的，只是豆豆當時如何應對？卡住牠的心結又是什麼？

我：「我聽說你有見到草莓最後一面，爸爸有帶牠的遺體回家。」
豆豆：「**是啊，但那不是草莓。牠不在裡面，牠待在我們的旁邊，安安靜靜的，也很難過。我可以感覺牠在我們身邊，很捨不得，我跟牠都是。然後時間到了，牠說牠得走了，牠親親我向我道別，牠也親親爸爸、親親媽媽，然後就走進光中了。**」

我：「現在回想起來，是什麼感受呢？」
豆豆：「**有一點生氣，牠怎麼可以就這樣離開我們！？**」
我：「死亡把牠帶走，你只能被迫接受，生氣是你無言的抗議？」
豆豆：「**對。（又一波哭泣湧上來）我以為不跟牠說再見，牠就不會走了（大哭）**」
我：「沒有跟牠好好說再見，這讓你後悔、感覺遺憾嗎？」
豆豆：「**我很難過，我不是故意的，只是不知道怎麼面對牠將離去的事實。我很愛牠，從我來到這個家，牠就一直在我身邊，沒有離開過。我當時很恐慌，不知道沒有牠的日子要怎麼過下去，我連想都不想去想。**」

　　我試著引導豆豆，將過去沒來得及說出口的話表達出來。來不及說的、做的，雖成為了遺憾的事實，但我們的心念，仍舊能透過表達，去走完

自己內心的過程，淤滯的能量也能因此得到疏通。

我：「如果牠現在在你面前，你會想向牠道歉嗎？」

豆豆：「（感覺遲疑）嗯……我怕牠不接受！」

我：「那你願意說給我聽嗎？就當作是練習，也許有一天，你可以親口跟草莓說。」

豆豆（在我面前對著草莓說）：

「親愛的草莓，我很痛苦。

你離開的日子，就像餅乾沒有水配，像呼吸沒有了氧氣，

我一個人在這裡，想念你。想念著你對我說過的話，想著你看我的眼神，

懷念著你溫暖的身軀。

然後，想到我的自私、膽怯，我怎麼對得起你？

雖然知道你離開了，就像你預告的那樣，但又很捨不得你真的離開。

家裡沒有你，變得好不一樣。

好想要你回來，但又知道你不會回來了。

我覺得很挫折，覺得生氣，又不知道該對誰發脾氣，

氣你也不對，氣我也不對。

以前你在，你都會安撫我，

或至少，看著你平靜的面容我自然就慢慢冷靜了。

但現在，我都要自己面對了。

你好壞，你怎麼這樣！」

我：「聽起來，面對草莓離開你很傷心，也還在適應沒有牠的日子？」

豆豆：「對啊，我現在只剩爸爸媽媽了，如果他們誰也走了，我肯定會崩潰。」

我：「你放心，他們不會離開你，他們會跟你一起。草莓過世，全家人都跟你一樣難過，他們更珍惜你跟他們在一起的時間，也擔心你難以調適。我會讓媽媽知道你的感受，她其實也在經歷著失去草莓的難過，所以也許當你悲傷的時候，你可以靠近媽媽，她會懂你的感覺、也很樂意跟你作伴。」

我試著讓豆豆知道，雖然經歷失去草莓的悲傷，但牠還是有同伴的，有可以一起哀傷的同伴。就算不說什麼，知道自己被懂、體驗到自己的失落是被接納的，這樣的陪伴本身就是一種療癒。

我：「最近你比平常更多話，媽媽想知道你是在訴說自己的心情嗎？還是你有什麼要跟他們說的呢？」
豆豆：「家裡很空，我很不安。大聲吼叫我至少可以聽到自己的回音，而且，草莓叫我要陪爸爸媽媽，是要怎麼陪？我又不是牠！那就一直碎念吧，我最在行的就是發出聲音了。」

在世寵物的嚎叫背後，是有很多訊息的。我們不必然得聽懂叫聲本身字字句句的內容，但要能理解牠的情緒狀態：不安、不知所措、情感挫折、難以適應，約略可以概括這項行為底下的感受。

曾經親密、緊密的關係因死亡而面臨分離，帶來的失落、適應議題，確實是每個相愛過的人及寵物，都必然會經歷的心路歷程。豆豆雖在早先拒絕跟草莓說再見，但牠後來確實有感受到草莓行前短暫的陪伴、以及充滿愛的道別。牠的生氣、沮喪、挫折感，來自於體認到了事實，知道這一切都回不去了。

哀傷、哀悼，其實是動物社會裡自然而然的事，也是為群體所接納的。說到這裡，反而覺得生活在人類社會的我們比較可憐，強調高效率的現今社會，不但認為哀悼也該要高效率、要有應該的進程，甚至常以「正面思考」的論調掩蓋、漠視了喪親者的情感需求。「不要再哭了」、「你應該要走出來了」或者說著「節哀順變」當成安慰，這些都隱含著社會對於哀傷的不理解和排斥。

好在，豆豆的媽媽對於這個現象是敏銳的，她曉得此刻的豆豆正經歷著內在情感的震盪，格外希望知道如何能支持牠，幫助牠面對內在情感的挫折，及外部生活的挑戰。

我：「有沒有什麼需要爸爸媽媽幫忙的呢？或者，你希望他們怎麼做，來陪你適應新的生活？」

豆豆：「我希望可以請爸爸媽媽談論草莓的事，我不想就這樣忘掉牠。」

我：「你希望爸媽跟你對談，還是他們自己聊聊就可以了？」

豆豆：「跟我一起說說草莓，我真的好想念草莓。」

此外，豆豆還表示，想要黏在媽媽身上，媽媽的心跳聲讓牠覺得安全。陪著寵物一起面對喪親的事實，透過好好回憶，去紀念過去那段美好而真心的相交，以溫柔、耐心陪著牠。在哀悼的過程中，我們勢必也會有情緒，這是沒有關係的，一同哀傷，這樣的普同感讓彼此知道自己不是獨自面對悲傷，對於對方的處境能感同身受，這本身就是一種撫慰。

一如大部分的飼主，照顧者擔心向來依賴草莓的豆豆，現在會格外感覺孤單，尤其是飼主上班的日子，因此想知道豆豆是否想要一個新的同

伴來緩衝目前的寂寞和不適。

我：「現在白天的時候只有你一個人在家，你會覺得孤單嗎？」

豆豆：「不大習慣，走到哪都該要有草莓的位置，卻沒有牠的身影。」

我：「如果你覺得孤單，那帶隻小貓來陪你、跟你作伴，好嗎？」

豆豆：「不要，我會很生氣！我只要爸爸媽媽，其他誰都不要！」

　　一向賴以依存的夥伴從生活中消失，在世的寵物確實會突然間有種「只剩我一人？」的孤單感受，尤其是當照顧者也不在時，特別沒安全感的寵物體驗到的衝擊確實更為明顯。不過我們也要明白，這些情緒的起落是生活中必定會經歷的過程，受傷或許是事實，但生命本身也具備療傷的韌性。

　　作為照顧者，我們好希望可以用力呵護在世的寵物，使牠不要再遭受任何一丁點傷害，那麼我們要做的，不是趕快塞個奶嘴讓牠不要哭叫，也不是急於否認、掩蓋或轉移寵物的痛苦，因為那樣只會讓牠們越發孤單的獨自承受著自己的悲傷和挫折。

　　或許對於某些情感連結特別強的動物，還會需要多方的支持，例如花精、環境豐富化、柔和音樂、費洛蒙、靈氣、甚至抗憂鬱藥物的介入，這些都是輔助的方式，讓寵物的身心情緒得到支持，協助牠們得以慢慢調適、回到平衡的中心。但無論採取哪些措施，最重要的，還是照顧者在心態上要成為寵物堅實的安全堡壘，以理解的心溫柔對待，維持生活的恆定、減少變數，一同紀念逝去的夥伴，以適合彼此的腳步一起適應新的生活型態。

在結束溝通前，我向豆豆說：「草莓離世之後，很多生活細節都變了，要去適應牠不在的日子，這確實需要時間。只是，就像草莓說過的，牠很愛你，牠很開心這輩子能夠跟你作伴，你對牠很重要，我相信牠會一直把你放在心上，牠也會一直活在你心裡。」

傷心不只是一種感覺，也會確實顯現在身體上

在陪伴寵物一起度過失落、適應新生活型態的過程中，最弔詭也最困難之處，在於我們往往自己也力有未逮。若是寵物出現極度反常的生理現象、行為表現，可以想見我們自己會慌張，尤其是才剛失去一隻心愛的寵物，自己都還沒平復過來；當想到可能又要再經歷一次死亡事件，那種打從心裡的恐慌，猶如打了個從背脊涼到頭皮的寒顫，令人毛骨悚然。

這樣的念頭不一定符合事實，但若我們自己不察，則很容易被恐慌制約。我曾聽聞過照顧者不知如何應對在世寵物的身心行為變化，因而非常勤奮的帶寵物跑動物醫院、強迫性灌食、焦慮的反覆檢查寵物在哪？在做什麼？有沒有怎麼了？這樣的焦慮和恐慌引起的強迫性行為，對已然處於巨大緊迫下的寵物而言，反而是種干擾，不但無助於平緩傷痛，還又增添了另一層壓力。

若是寵物出現生理症狀，看獸醫確實是必要的，但是看醫生還是要有合理的頻率，通常醫生都會視情況提出回診的間隔天數。若是尚未到時間，寵物也沒有惡化或出現其他不對勁的現象，但我們就惶惶不安、焦慮、恐慌，很希望趕快再抽個血、再給醫生摸一摸，才有安全感。

　　此時我們最需要的是對自己的慌亂有覺知。密集而頻繁的回診，是否真是寵物本身的需求？亦或是我們需要先關注自己，照顧、安撫自己的情緒。身為獸醫師，我認為生理檢查、有問題需追蹤，這些都是必要的；我想表達的是，不把「看到醫生」當成安心神藥，不因此做出額外增加寵物緊迫的行為，不把自己的恐慌轉嫁到寵物身上，學習安撫、調節自己的情緒，這是照顧者需要有的自覺。

　　有時候，一時之間要穩住自己可能真的不容易，畢竟我們也才剛經歷一場死別，很多混亂未整理。只是，我們得要試著安撫自己，才不會將慌張盲目投射到寵物身上，變成由寵物來承擔我們的情緒緊張；牠自己也很混亂了，況且身為寵物，也沒有能力消化照顧者又多又重的情緒風暴。把自己照顧好，是首要任務：聆聽自己的需求、溫柔回應自己，陪伴自己正在經歷的情緒歷程，我們也才有餘力給予牠良好的陪伴品質，跟牠手牽手一起度過。

　　關於如何陪伴自己，你可以參考 3-7 《失去你之後，我該如何自處？》透過自我陪伴的過程，去體驗、思考自己作為一個哀悼者，內心、外在的需求是什麼，帶著這樣的體察，你就會懂得牠需要什麼，就算沒有經過溝通諮詢，也一樣會通。維持生活中事物的衡定，不急著收掉逝者的物品，作息保持規律，尊重寵物對空間的需求感，理解到牠或許跟我們一樣有複雜、糾結的情緒，帶著同理溫柔陪伴，一同哀悼，這些都會創造出一個友善空間，支持寵物的內心慢慢適應現有的環境。

你也許會問，
要如何「一起哀悼」呢？

哀悼是一種對失落的表達、也是一段適應失落的歷程。因此，當寵物表現出些許不安時，不要急著對牠說道理，像是「已經過去了」、「我們要堅強」，你可以告訴牠，你知道牠因為失去同伴而感到傷心，或許你跟牠都因此有些懊惱、也有些遺憾，但這都不是牠的錯。你知道牠覺得很捨不得，你也是，因此你會陪在牠身邊，無論如何，牠都還有你。這樣的表達，可以直接透過對牠們說、或在心裡念想，效果都是一樣的；不過前提是，你必須要發自內心認同上述的話，這些話所代表的態度才會真正進到牠心裡，形成支持。

如果寵物的狀態很糟，那環境及情感支持是首要任務。哀悼及適應不需要趕進度，完全視當事人的狀態做調整。如果寵物對人並沒有太迴避，那麼你就可以邀請牠一同回憶已逝的寵物美好，如同豆豆主動提出的要求。

實際的作法，是你與牠同在一個空間時（不一定要抱著、或緊貼在一起，除非牠主動表現出想要），像跟朋友說話般的回憶過往（你可以說出聲，也可以在心中念想），或是在寵物身處的空間，與其他家人、親近的朋友談論，關於已逝寵物的種種美好回憶。這樣的作法有助於讓所有參與的人情緒得到抒發，也能從梳理記憶中，好好紀念與逝者間的愛。

但不要太過熱心，此刻沒有一應俱全的療癒萬靈丹，你需要的是在做中同時去觀察牠的反應，也許牠此刻需要的不是緊迫盯人的注意力，但

牠需要你出席在附近、保持一段距離但是在同個空間裡，或者牠需要一段沒有太多干擾的散步、一場可以紓緩情緒的嗅聞；或是牠主動貼近你，需要肢體的依偎或輕柔撫摸。這些隨機應變，都有賴於我們主動留意、觀察，帶著彈性去給予牠需要的支持。

無論相不相信動物溝通，動物都並非如笛卡爾所認定的「就是流著血液的機器，沒有思想，也沒有心願」，達爾文在他 1872 年的著作《人與動物的情感表達》中，提出完全不同的觀點，他認為情緒不是人類專有的，幾乎各種動物都有情緒的表現，而如今更多關於腦部結構及電波的研究，也支持了這樣的觀點。所有的哺乳類動物的大腦都有腦幹、邊緣系統、小腦及大腦皮質層，差別只在於腦結構的大小比例。擁有邊緣系統，意味著擁有情緒和情緒感受力。我們所飼養的寵物跟我們一樣，有著同樣的情緒腦構造，也跟我們一樣，會感覺悲傷。

悲傷，或許是被現代社會污名化的一種情緒，因為悲傷的存在，讓我們感覺失控，井然有序的日常被打亂、自己的情緒與舉止也失了秩序；但實際上，從物種演化的觀點來看，悲傷有利於群體的生存。處於悲傷、哀悼中的個體，外顯呈現脆弱、無助的模樣，這釋放出一種無聲的訊息，使周遭的夥伴想要趨近前來關懷，這樣的效應便強化了群體內部連結的緊密度。換句話說，就是一起面對，一起勇敢，便能一起療傷。

「不要離開或
請你趕快回來，好嗎？」

我相信飼主若是知道，硬留下圓圓會讓
牠付上如此大的代價，他一定會不捨。
畢竟，愛是彼此成就，並為對方的生命
帶來成長，而不是相礙、相絆。雖然失
去寵物很痛，但對飼主而言，沒有比聽
到自己的寵物正在受苦更痛的了。有時
候，痛會讓我們暈過去，但也有時候，
痛會讓我們醒過來。

在離世動物的溝通諮詢裡，希望已離世的孩子快點投胎回到自己身邊，是很常被提出來跟孩子對話的話題。尤其是過去生活形影不離、或寵物幾乎是飼主生活唯一重心的時候，孩子們的離世，形同一種無形的撕裂，讓內在斷成兩個碎片，一部分伴隨著牠的去世而丟失，剩下不完整的那部分，連我們自己都認不出來，感覺很陌生。

有的時候，是孩子的離世太過突然或是離世過程太過曲折，感覺孩子在生命末期吃很多苦，也覺得自己虧欠牠很多，因此希望牠快點回來，讓我們能夠好好彌補，或是至少確認往生後的牠是安好的。

無論是出於什麼理由，三不五時，照顧者要求的話題，常常是詢問「有沒有回來」、「希望你繼續待在家中陪我」，極端一點的還會以死要脅，要已過世的寵物知道「你不在我身邊我就要去死」。

驟逝的傷，
需要特別呵護。

個案 12. 圓圓

圓圓（化名）在牠 13 歲時過世，這輩子沒有生過什麼大病，唯一一次就是最後一次。過去總是健健康康的牠，在一次突發性的胰臟炎併發腎衰竭中，前後不到一週，就撒手人寰了。疾病來的又兇又猛，讓照顧者毫無心理準備，雖然感受到疾病的嚴重性，但心裡仍懷抱一絲期望，希望至少還能回家，哪怕回家待上幾天的時間也行。只是這樣的期待並沒有實現，圓圓離世了。

我是在牠過世約莫半年後與飼主碰上面，一般來說離世溝通的話題內

容，多半是問孩子此刻好嗎、過得如何、有沒有平安，這次比較罕見的是，飼主想確認孩子是否還在自己身邊。對一個孩子已經離世超過 49 天的個案，這樣的提問是比較特別的，於是我關心飼主會這樣詢問的原因，得到的答覆是，他不僅如此感覺，心裡也如此希望。

不僅如此，因為過去在情感上極為依賴圓圓，頓失重心之下，難以適應沒有圓圓的生活，想到以前只要有圓圓在，所有的煩惱、人生的辛苦都能輕易化解；隨著圓圓的過世，不只失去牠很痛，沒有了「圓圓防護罩」，連帶過去幾十年來不想面對的、無力去因應的種種，全都像洪水猛獸般襲來。對當事人而言，這樣的失落事件，帶來雙倍的痛、雙倍的沉重，人生像是陷入泥沼，動彈不得，無法再前進。

寵物的死亡不只是一個生命的殞落，失落會讓我們經驗到情感依附的斷裂，這樣的斷裂或多或少會讓人一時間退回到孩提時期的心智狀態，強烈的被拋棄、被剝奪感不斷迴盪、衝撞著內心，感覺不到這個世界的溫暖，有的只是冷漠和殘酷。

對某些人而言，寵物如同母親的子宮，隔絕了人世間的紛擾、傷害，蜷曲在溫暖的子宮中，我們感覺到溫暖，心裡滿是安全感。只是，當賴以生存的寵物過世時，我們就如同被迫與母體分離的嬰孩，離開厚實的保護，在不安中受到推擠，以脆弱之軀，孤零零面對這個冰冷的社會。

生活失去了重心，內心極度思念圓圓在世的日子，好希望圓圓還在，就可以安慰可憐的自己，讓這些不愉快立馬散去、重回過去快樂的時光。無法好好哀悼、也無法適應新生活的飼主，就在這雙重的緊迫下，日日夜夜

希望圓圓回到身邊，以幾週就一次的頻率，試圖與已過世的圓圓取得聯繫，維持那份被愛的感覺，從中得到安慰。

極度罣礙——
我感覺得到你

當我初與圓圓連結時，牠在言談中均透露出對飼主的擔心，那種擔心程度不僅僅是惦記而已，是如同一個母親對新生嬰兒的擔心和焦慮，害怕無能的嬰兒一個人獨處時，會無法生存、甚至出意外，牠感覺得到飼主面對分離的無助和抗拒，也擔心他會想不開。

我詢問圓圓是否已經抵達天家，一般而言我都會得到肯定答案，畢竟牠離世也已經有六個月之久了；而這次，的確就像飼主感覺的，圓圓並

不在牠該在的維度裡自在生活，而像一個非法偷渡客一樣，居留在人世間，繃緊神經躲藏著。

　　圓圓說，有一股強烈的拉力牽引著牠回天家，但牠總是半路脫逃，掙脫了自然的引動，用盡全力要回到飼主身邊。這樣來來回回，已經有很多次了，而且，據說每一次走倒退路，都需要付代價。我問牠，終極的代價是什麼，牠說：「就是滯留於此，從此不再被引渡」。我心頭一驚，這不就是俗語說的有家歸不得，無法超生、也無法安息嗎？

　　好在，當時還沒有走到最糟的田地，圓圓說，牠目前還有些「旅費」可以這樣花用。只是，若一直這樣下去，終究有一天會走到我們都不願見到的結果。

離世的靈魂甘願冒這麼大風險，必定有原因。是什麼讓圓圓的靈魂情願犧牲自己，也不願再前進，甚至可能永世停滯在不屬於自己的界呢？

　　「我覺得我的人類夥伴過得很糟，沒有我的日子，他完全沒辦法好好照顧自己！」圓圓這麼說，「我很擔心他。以前，我們做什麼事都在一起，我們很有默契，只要一個眼神，就知道對方在想些什麼，相處從來不是問題，他總是知道我需要什麼，而我也知道他的需求。只是，現在我不在了，我擔心沒有我，他沒辦法活。我們以前非常親密，我幾乎可以說是他的精神支柱了，當他經歷著人生的高峰低谷時，我都陪在他身邊；現在，我沒辦法再與他相伴了，我知道某部分的他空掉了，我擔心這個缺憾會跟著他一輩子。」

　　聽到這樣的觀點，不曉得你是否覺得很浪漫，覺得世界上竟然有人可以如此在乎我們，把我們當嬰孩般呵護著，即使超出了他的責任範圍，他依然牽掛著、擔心著我們，而且不只願意為我們赴湯蹈火，甚至連犧牲掉自己生生世世的福報都在所不惜？

　　我聽了之後為這對人寵捏了把冷汗，同時也覺得，眼下的確是個危機——飼主脫單之後的生存危機，只不過，若是無法信任人有對抗逆境及處理壓力的潛能，那是否過於小看生而為人的飼主了？

　　我相信飼主若是知道，硬留下圓圓，會讓圓圓付上如此大的代價，他一定會不捨。畢竟，愛是彼此成就，並為對方此生的生命帶來成長，而不是相礙、相絆。於是我向圓圓解釋：「你的夥伴是個成年人了，過去也許他有自己的生命課題，但他也用自己的方式讓自己生存下來了，那

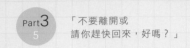

就是他擁有的生命力量。而且，他也有信仰，相信更高的力量會眷顧、看顧著他，他也有家人和信任的朋友，所以，在他的人生中，他並非全然孤單。雖然失去你讓他感到不捨，但這也是一個機會，在他面對到生命的實相時，學習承擔起照顧自己內心的責任，他也許需要多一些時間調適，但最終他有能力扶住自己，他會沒事的。」

圓圓繼續強調，牠覺得此生的任務並未真摯圓滿，我詢問牠賦予自己的任務是什麼？**牠說：「讓我的人類照顧者知道他是個很好的人，並且能全然信任自己、喜歡自己。」**牠補充說明，過去在一起時，別人對他們投予羨慕的眼光，讓照顧者充滿正能量，只是，無預警的死亡摧毀了照顧者的自信、也讓他的自尊崩盤，多年來的美好全數被照顧者自己推翻，剩下的只有內疚、罪惡，和對自己的不信任。

聽起來，圓圓對於照顧者長期以來的人生、以及分離後自處能力，都充滿了擔憂，「不能好好照顧自己」，一直是牠最在意的事。

我問圓圓，牠口中的「好好照顧自己」的定義是什麼？希望從這中間找到可以著力的線索。**牠說：「知道自己是個很棒的人，能完全信任自己，如實看待自己，不為成全別人而消耗自己」**。不為成全別人而消耗自己，這是多少人都會面臨的人生課題啊，這其中，也包含了圓圓自己。我再問牠，其實也是希望點出牠的盲點，雖然決定的關鍵還是在飼主的態度，還有圓圓自己願不願意「看見」了。

我：「你覺得你的人類夥伴總是用消耗自己的方式為別人付出，把別人的需求擺在第一位，沒有關注、照顧自己，所以你覺得他不懂得如何

『好好照顧自己』，為此你很捨不得他？」

　　圓圓點點頭，表示同意。

我：「但是，你現在不是跟他一樣嗎？為了他，你用犧牲自己的方式待在他身邊。我很好奇，如果他曉得，你為了停留在他身邊要付上這麼大的代價，你覺得，他會捨得你這樣的犧牲嗎？」
圓圓沈默了一下，牠認真的思考著，然後緩緩吐出：「我不知道，但應該不會。他一向很愛護我，過去我若有一絲一毫的損傷，他都好像比我還痛，也許這次也一樣，他或許不會因為我的自我消耗而感到欣慰。」

我對圓圓說，「我可以感覺你對他的忠誠。但你的犧牲，並不會為他帶來幸福，也無法增加他的智慧。我們唯有在生命中讓自己圓滿，才有可能嘉惠愛我們人。允許自己的生命得以流動、進展，這些經歷會豐富自己的生命層次，也才不枉你的人類夥伴過去對你的付出。讓自己平安、過得好，才能真正榮耀他、榮耀你們這段關係。」

讓自己平安，
這一趟相遇才真正不虛此行

我在溝通中與圓圓的對話，飼主是同意的。雖然喪失愛子很痛，但對一個父母角色的飼主而言，沒有比聽到自己的孩子正在受苦更痛了。有時候，痛會讓我們暈過去；但也有時候，痛會讓我們醒過來。

我們擬定了計劃，讓飼主回家持續與圓圓進行對話。首先，飼主得要發自內心允許圓圓可以踏上牠自己的道路，進行靈魂該做的事。當然，這也會牽涉到，飼主需要回過頭來照顧自己，把重心拉回自己身上，陪伴自己梳理情緒，好好走過這段悲傷失落的歷程。其實，寵物本來就不屬於我們，在世時的陪伴始於緣分，若牠今生已功德圓滿、任務完成，往生後卻還要牠以自縊的方式來成全我們，這對雙方都沒有半點好處。

接著，我請飼主承諾圓圓，會把自己照顧好，並給彼此一些時間和成長的空間，我跟圓圓說：「你的人類夥伴過去的焦點都放在別人身上，一下子要他回過頭來安撫自己，恐怕不是他熟悉的模式。給他一些時間，雖然沒辦法一下子就變成百分之百『好好的』，但他會『努力嘗試』這麼做，培養新的習慣，培養與自己的親密關係。請你對他放心。」

　　我知道有些人讀到這邊，會有這些念頭：「既然這樣會害了牠，那我就不能再這樣下去！」、「我要堅強！我不能再哭了！也最好不要想牠了！這樣牠才能安息！」出發點是好的，但做法上恐怕又會走進另一個死胡同。

　　離世寵物所謂的「好好的」，並非想看到我們的假笑。因為，壓抑在底下的痛苦是騙不過任何人的，當然也包括我們自己。調適，意味著會是一段歷程，這需要時間，讓我們在過程中去學習如何因應及安撫自己，有意願陪伴自己調節情緒，主動嘗試適應不一樣的生活，我們就已經走在成為「好好的」的道路上了。

　　讓自己好好哭一場、誠摯思念回憶牠、陪自己經歷這段哀悼歷程，投入生活去適應沒有牠的日子，照顧好自己的身、心、靈，對自己溫柔，供應自己在過程中所需要的溫暖和擁抱，而不是急著要牠回來安撫。這決定了我們對寵物的愛是否具滋養性。試著讓自己療傷的歷程，成為一種祝福，祝福所愛的牠，也祝福我們自己，給自己百分百的支持。

我答應你
我會把自己照顧好
你在那邊也要好好的

「假如有來世，
回來繼續當我的孩子，
好嗎？」

天堂的夥伴們會請蝴蝶當信差，飛越山谷、往太陽的方向去，將心中摯誠的感謝送去給家人。囡囡說，透過這個每天進行的儀式，體現出牠對家人的愛並沒有隨著肉體而消逝，即使牠人在天上，這份愛依然永存。

寵物剛過世的時候，照顧者很常出現兩類反應：一種是接受牠已離開，但卻否認、壓抑自己的悲傷，過著有體無魂的日子；或者，是還處在否認的狀態，拒絕接受分離的事實。

　　希望牠的靈魂不要離開，或是趕快投胎回來，除此之外，或許也會在有形的世界裡搜尋過世寵物的蹤影，希望能與牠再續前緣。無論是瀏覽著與牠相似的面容，或是希望得到牠的指引，能在某地、某時、某些如同信物的特徵佐證之下，再與牠相遇。

　　接受失落的事實，本身就是生而為人的生命課題，也是每個人從小到大的挑戰。無可否認，我們從小到大都一直在經歷失落的事件，小至週末假期的結束，大至面對至親朋友的過世。越是被自己珍視的，與自我有深刻連結或情感依附的，這一方在關係中離席時，那種痛的感覺自然越是扎心。若我們可以具體看見「心」的狀態，支離破碎或許是一個貼切的形容詞。

　　若是寵物從發病到離世的發展過於短促，使得照顧者沒有心理調適的時間，仍在震驚中希望醫療能奏效、冀望可能好轉的機會；當死亡驟然降臨時，期待徹底落空後重重跌落，會讓人更加難以接受竟然就這樣畫下休止符。

　　這樣的情境，通常會帶給照顧者很深的挫折感。想著離世的寵物，那種挽不回的深沉遺憾，就像迴音般繚繞在心底；想到來不及付出的愛，無法再給的空虛就好像黑洞一樣，吞噬掉我們的生命能量；若是在寵物生前曾許過承諾，那麼未能兌現的失落，往往會變成對自己的譴責。生

命，好像就隨著寵物的過世，凍結在那個時空。好希望牠回到身邊，將設想中未盡的緣分再好好走一回。於是輪迴轉世，就成為生者心中最大的寄託。

愛讓我勇敢，
愛使我能祝福

個案 13. 囡囡

　　囡囡是一隻可愛的女生約克夏，在牠的成長過程中，不僅是爸爸、媽媽最貼心的女兒，小巧的外型、親人的個性，都為牠獲得了好人緣。囡囡三歲時來到這個家庭，三年之後又有了另一隻男生約克夏當弟弟，牠們的個性完全不同，為爸媽的生活帶來不少樂趣。囡囡一直以來都是個活力寶寶，喜歡外出踩草坪，也曾跟著飼主經歷搬家、換環境的適應期，這些，似乎都難不倒樂觀的牠。

　　隨著年紀漸長，快樂的日子起了小小的變化。在囡囡大約八歲半時，被診斷出前期的心衰竭，因為是前期，用藥控制著也沒什麼劇烈的臨床症狀困擾牠，但對於這種只能控制、不能治癒的疾病，多少會讓人有些擔心。謹慎的爸爸媽媽，不僅按時投藥，在預約回診的時間也都準時赴約，只盼望這樣的呵護和照料，能讓囡囡開心快樂的日子持續久一點。

　　只是，身體的變化有時候超出人的掌控，令人意外。在開始服藥一年半後的某一天，原本都還能蹦蹦跳跳的囡囡，突然間出現了反常的尿床行為。帶去給醫生診治、服用藥物後，沒食慾、反胃的情況卻仍時好時壞，直到出現了黑便，才發現急性胰臟炎來勢洶洶。聽到醫生認為病情不樂觀，爸媽簡直難以置信。面對這麼突然的變化，一時之間就要考慮

送囡囡回天家幾乎是違逆人性的，畢竟都還沒有足夠的時間去給予全套的治療，又怎知道有沒有機會挽回呢？只是，在收住院當天的半夜，就傳來噩耗，短短三天，囡囡就在牠十歲的年紀，向這個世界告別。

一切來得如此突然，快得讓人措手不及，也根本來不及反應。來不及見到最後一面，也沒機會帶恢復健康的牠回家，生命嘎然停止在那個時刻，也讓爸爸、媽媽最後的一絲希望徹底破滅，成了心中永遠的遺憾。

當我見著飼主時，我可以感受到沉痛的哀傷、悲慟、不捨，都隱藏在極力振作的面容底下。爸爸媽媽想知道囡囡有沒有被嚇著，也希望可以向牠道歉，雖看得出辦理住院當天牠想跟著回家，但為了未來的康復機會，還是選擇讓牠一人留宿醫院中。我想
這是所有父母最兩難、也最痛苦的抉擇。

因為沒能兌現當時的諾言，好起來就帶牠回家；也沒機會讓牠回到最熟悉的環境，在爸爸媽媽的陪伴中道別，這都讓飼主痛心萬分，也因此，除了希望囡囡此刻一切平安，也好希望囡囡能夠回來，再做爸爸媽媽的掌上明珠。

以下的內容，節錄了我與囡囡的對話。

我：「如果有來世，還有機會的話，你會願意回到爸爸媽媽身邊嗎？」

囡囡：「如果有可能，而我也能自主，我會願意嘗試。但在這之前，我希望我是能照顧好自己的，同時，我也希望爸爸媽媽能把自己照顧好。我希望我們未來的相遇，是起源於開開心心的狀態，而能展開新的開始。若是未來有機會再相遇，希望是重新認識一個新的我。」

我：「你說『重新認識一個新的我』是什麼意思？家人希望你能重新投胎，並約定你到時候會有的生理特徵，好讓他們找到你。你有什麼想法嗎？」
囡囡：「我沒有辦法確切承諾。未來會如何展開，我不全然清楚，也無法全掌握。如果他們真的去找，也以為找到了，但卻不是我，那我該怎麼辦呢？那個『牠』又會有什麼感受？如果我想盡辦法，努力回到他們身邊，結果卻不能如我所願怎麼辦？我還沒想清楚，也不知道這樣對彼此究竟好不好。我可能還是先從回憶他們開始吧！回憶與家人的往事，讓我感覺有力量。」

我：「那你個人的期待是什麼呢？」
囡囡：「我期待囡囡的這輩子，不被視為悲劇結尾，也不是出於這樣的認定，想再續前緣以求補償，才算圓滿。我希望未來若能再相見，可以很純粹、沒有預設立場，甚至沒有「要找到舊的我」的期待。這樣未來的潛能，才有發展的空間。」

囡囡並非不滿意這個家庭，才這樣回應。事實是，她深愛著爸爸媽媽。從對話一開始，囡囡就殷切表達對家人的思念，問候著他們過得好不好。牠提及生命最後幾天的心境，言語中滿滿是對爸爸、媽媽的不捨。當我問到牠在天堂的狀態，已身處於寧靜、祥和環境的牠，也還正在經歷著自己的哀悼過程。從起初很多的「為什麼」：「為什麼在一起

的時間這麼短」、「為什麼會用這種方式發生在我身上」、「為什麼是我要體驗這樣的經歷」、「為什麼分離後心這麼痛」，到氣自己、覺得自己沒用，沒辦法再讓爸爸、媽媽開心，反而成為他們痛苦的來源。

但囡囡也明白，生與死之間那條線，無法違反自然運行的法則去逾越。理智知道這輩子的相交已經結束了，但情感好像慢很多拍一樣，並未能同步感到釋懷。

但天堂似乎是個很寬闊的地方，開放的接受世事的百態，它既能如實呈現出生命的規則，也涵納著靈魂會有的情緒波折，以一種溫暖的氛圍，陪伴著所有回到老家的靈魂們，經歷調節情緒的歷程。我每每在做離世溝通時，都彷彿能從牠們的口中，一窺天堂的寧靜、寬廣。在這樣的環境中，心似乎也變得比較鬆，即使跟我們一樣有諸多情緒衝擊，會面臨調節情緒的需求，但好像在這樣的暖陽、星空底下，一切變得比較坦然，較能夠如實去經歷，而不閃避。

囡囡提到牠抵達天堂後，其他的靈魂夥伴如何陪伴牠去經驗這些傷痛的過程。**牠說：「大家都很溫柔，不會急著否認我的憂傷，也不會催促我趕快走出來，只是很有耐心的陪在我身邊。牠們知道我對家人還有很多思念，因此尊重我的需求。當我想要一個人靜一靜，牠們會待在不遠處，讓我有個人的空間，但又感覺有被關心著；當我低低啜泣時，牠們會來到我身邊，陪我一起掉淚。」**

囡囡還提到，天堂的夥伴們每天都會在黃昏的時間，聚在一起進行儀式，以紀念遠方的家人。每一個人在心中想起一件關於家人的好，可以

公開說給大家聽、也可以選擇自己在心中感謝。當所有人都輪完，就把內心的感謝化作祝福，請蝴蝶當信差，飛越山谷、往太陽的方向去，將心中摯誠的感謝，送去給家人。

囡囡說，透過這個每天進行的儀式，體現出牠對家人的愛並沒有隨著肉體而消逝，即使牠人在天上，這份愛依然永存：**「我對家人的愛與感謝仍然與他們同在，過去、現在、未來，都不會改變。」**

我在想，相較於人類社會對悲傷的否認和排斥，或許離世的寵物還擁有較為充分的情緒支持資源，也願意陪伴自己深入哀傷，去走這條調節情緒的歷程。既不否認自己的悲傷、也不抗拒這些不舒服的體驗，因而較能安放自己的悲傷，能好好思念、回憶，將過去的幸福以感謝存放心中，將永恆的愛與祝福，送交我們身邊。畢竟這種情感並非儲存在肉體裡，而在永恆不滅的靈魂心裡。

囡囡也希望，家人能在地上與牠一同進行這樣的自我安頓。牠要求爸爸、媽媽帶著家裡的狗狗手足，在某個陽光普照的好天氣裡，去到有草地的池塘邊。在那邊，如同靈魂們在天上的聚集一樣，對著彼此去回憶囡囡，說說對囡囡的感謝，並寫在樹葉上，在儀式結束後，將乘載著愛的葉片放到水面，看它順水流走，正如同那些作為信差的蝴蝶，將祝福送到心繫的家人身邊。此外，每個參與其中的人，也不忘對其他家人互道感謝，並以肢體的擁抱將心意表現出來。

囡囡說，希望家人可以每週都進行一次這樣的儀式，做滿七週。**牠說：「在天上跟著大夥兒這麼做的時候，慢慢的心裡會獲得平靜。我知道爸爸、媽媽跟我一樣，正在經歷受苦的感覺，進行這樣的儀式會帶來療癒。同時，知道我們在天上、在地上都做著相同的事，我的心也比較寬慰。」**

像囡囡這樣的回答風格，並非單一個案，也不算少見的洞見，約略可以概括大部分離世寵物的心聲。大多數的寵物在離世後，無論臨終的過程如何、有無充分的心理準備，牠們都會有清楚的自覺，知道劃分生死的那條分隔線來自於宇宙運行的法則，無法跳脫這個基本框架。因此，這不是一條能回頭的路，也不是想加速就能自主決定的命運。

但也因為如此，處在單向道上的靈魂，少了如人類的執取，似乎能較快進入狀況，面對與回顧過去的一生，無論是幸福的、不幸的、快樂的、傷心的。或許正是因為沒有了退路，牠們的糾結似乎比我們更和緩，打開的時間似乎也比較快。

但是，我不曾遇過心裡沒有飼主的離世寵物，在與牠們的對談中，無論飼主列舉的話題是什麼，這些離世動物的心願，無一不是滿心希望飼主能照顧好自己，能夠重拾幸福。

或許，「把自己照顧好」，並非只能笑、不能哭；幸福感，也並非僅僅建立在永遠的擁有。在這個時候，如同過世靈魂陪伴自己一樣，去經歷情緒的歷程，培養自我安撫、調節的能力，在懷念過去美好的同時，也為自己的失落真實的哀悼。對自己不離不棄，也才有力量扶助自己，去適應種種的變化。

若我們認為寵物的死是場悲劇、是不幸的體現，自然會心生遺憾，感覺還有很多來不及給出的愛，也會隱約有些虧欠感，因而我們會希望寵物快回來，讓自己有機會彌補。只是，當我們聚焦在一個難以被應許的期待，就容易視而不見你和牠這輩子共同譜出的幸福、滿足的回憶。

與心愛的寵物分離、失去牠肉身的陪伴，這是事實；然而，存在於你們彼此之間的愛，曾經因為牠、因為你，而造就出兩段（你和牠）更為豐富、勇敢且富有意義的人生，這也是事實。寵物對我們的關心與祝福，都在心念之間，並且永恆不變。我們與離世的寵物，就如同鏡子兩端的影像一樣，心路歷程很相似，都經歷到失落，適應著不同的生活組成，

也更多感受到自己內在的動搖，以及需要花心思刻意陪伴自己去調適。

　　或許，當我們如實接納自己的感覺時，也意味著能讓牠知道你會接手照顧好自己；也因此，我們內心能清出一個空間，將這段關係珍藏在心中，以此為紀念，也以此為祝福。

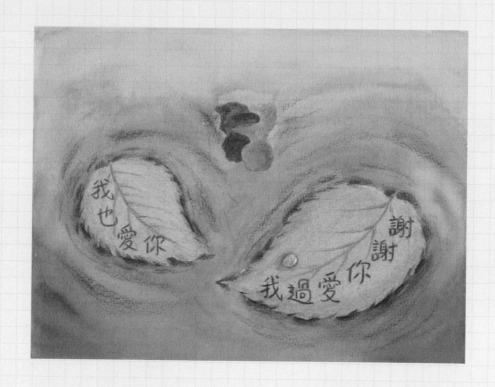

「失去你之後，
我該如何自處？」

哀悼是一個過程。它不等於喪禮儀式，也
並非一種模板式的行為舉止。哀悼是一個
人需要去適應失落的過程，這意味著我們
要主動參與適應及調適。此外，既是過程
就表示會有結尾，透過主動參與自我哀悼
的歷程，我們能夠將過去在一起的經歷，
轉化成溫暖的力量，放進心中。

寵物過世後，即使事前做足了準備、寵物也屬善終，但是面對天人永隔的分離與不再有牠的空洞感，這些真實的感受往往會像海嘯般無預警席捲而來，將我們打得支離破碎。若是再加上自責、內疚，或是心裡充滿遺憾，則這些複雜的感受糾結在一起，著實令人難以喘息、痛苦異常。

悲傷的情緒樣貌

悲傷的面貌非常多元，不僅是難過、想哭、心有不甘、驚嚇、強烈責備自己、憤怒（無論對象是誰）、孤單、疲憊，這些都是很常見且正常的悲傷情緒。若是你過去在心理上高度依賴寵物，視寵物為生活中安全感的來源，那麼面對此刻殘破的生活，一時間難以適應的獨處、被自己如洪水猛獸般的陌生情緒反覆衝撞，會感覺到無助、無力與焦慮，在這個階段是很正常的自然反應。

若是以往寵物的病程拖得很長，照顧者窮盡自己的身、心、財力就是為了照顧牠，在過世之後，除了極強烈的「空掉」的感覺外，有時候會有很隱晦的「鬆一口氣」的感覺，既感覺到放鬆，但又對自己竟會覺得解脫而產生罪惡感，這來來回回的心理拉扯，常讓人覺得萬般折磨。

憂鬱、沮喪等低落的感覺，時不時就將我們推入黑暗的深淵，彷彿生活中沒了光，沒了方向，沒了希望。

麻木──沒有感覺──其實也是人在極度悲傷時的自動保護機制。人心是很複雜而多元的，在悲傷時，雖然有些反應不能說是健康，但這些情緒都稱得上正常且自然。

除了情緒在表達心受傷了，我們的生理反應、想法、行為方面，也會有相對應的失落變化（這會在下面的故事加以說明）。其實不只是人，寵物在面臨同伴往生之後，或多或少也有類似的心理歷程。

面對死亡，牠和你一樣悲傷

個案 14. 肥肥

肥肥是一隻 14 歲的公貓，牠的同伴一夕之間病情巨變，在大家都毫無心理準備的情況下，牠失去了相依為命的手足，全家也都大受打擊。

在過去半年來，肥肥在外觀上變化最多的就是牠的眼睛。牠擁有一雙如靴貓般圓圓的大眼，無邪眼神收服了每一個來家裡的賓客；只不過，自從手足過世後，這樣的圓潤神情就不曾出現過了。

突如其來的變故，使得腸胃道原本就很敏感的肥肥慢性下痢加重；此外，肥肥把自己關在房間裡，不與人互動，但只要主要照顧者不在家，牠就變得極度焦躁，甚至一度焦慮到出現張口呼吸；過去愛吃的牠，食慾大受影響，體重明顯大幅下降，除了吃飯以外的時間幾乎都在睡悶覺；以往最喜歡的陽台不去看了，對貓玩具也不起反應了。

當我跟肥肥溝通時，已是六個月後的事了，雖說期間牠的各項行為表現皆有回升趨勢，但從牠的表達裡，仍漫出濃濃的悲傷情緒。

我：「我聽說半年前你受到不小的打擊，爸爸媽媽很擔心你。雖然看起來你漸漸在康復中，但他們希望知道有什麼可以幫得上忙的地方？」

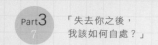

肥肥：「我只想倒頭大睡，其他什麼都不要想。」

我：「我聽說你幾乎整天都在睡？」

肥肥：「我很想念我的女孩在世時的日子，懷念家中以前的氣氛，那是只有她能帶給大家的獨特風情。我思念她的氣味，還有家中曾有過關於她的細緻、柔美的身影。真希望我能在夢中與她相遇，我真的好想念她。我從沒想過失去她會這麼痛，真希望這樣的心痛可以停止，但它一直都在。每當白天我想到逝去的她時，都渴望夜晚在夢中與她相見，希望落空，讓我的心碎了一地，撿都撿不起。

這就好像當你永遠失去了珍愛的寶貝：你失去了，你意識到你失去了，你也確信這一切都回不去了。對我而言，這是三次的打擊，三倍的痛苦。」

我：「你失去了從小一起長大的夥伴，她的過世是那麼突然，讓人毫無心理準備。因此你的心受傷了，你的悲傷是很自然而然的反應，這意味著你很愛她、在乎她。」

肥肥：「我們以前都一起看電視，她以前都會對我擺臭臉，她有點恰，但我就喜歡她那樣子。現在她不見了，我覺得心裡好空。」

我：「此刻的你是什麼感受呢？」

肥肥：「我有點生氣，為什麼她就這樣拍拍屁股走人，留下我們三個人覺得好孤單。我也有點害怕，死亡可以這麼突然就輕易把她帶走，那接下來還會有什麼？是不是我做錯什麼才害她死掉？我的同伴一個一個離我而去，難道是我帶衰害他們遭受不幸？上天要來懲罰我了？我討厭這些感覺，我討厭自己。如果死掉的不是她而是我，大家會不會比較開心？」

我：「她的過世讓你心痛，你心疼她、想替她承擔她所受的痛苦，甚至不惜用自己的命去換？」

肥肥：「（感覺生氣）事情不應該是這樣！為什麼！為什麼！我不接受！我不想接受！當我意識到她不會再回來了，那簡直是個噩夢。每天我待在這個家中，家裡每個本該有她的角落現在都空掉了，我閉上眼睛，我不想去看，我好痛苦。」

我：「那你現在吃得下嗎？」

肥肥：「現在吃什麼都沒味道了，只剩我一個人吃飯，吃飯都不是吃飯了。一人吃飯有什麼樂趣呢？以前還能故意吃很大聲吵她、逗她，現在沒人會回應我了。」

我：「那你睡得好嗎？」

肥肥：「我只想把眼睛閉上，不看、不聽、不去感覺，最好這樣可以忘掉難過。我覺得很累、極度疲倦、感覺身體很沉重，提不起精神來。像是有塊大石頭壓在胸口，喉嚨、肩膀都緊緊的，有時感覺喘不過氣來。如果我死掉，也許我們可以早點再見到彼此。」

　　肥肥的這些身體感覺，是人在經歷悲傷時也常見的生理反應。近代最重要的失落悲傷理論者 William Worden 指出，他認為一個人失去所愛時的悲傷反應，除了情緒之外，還有生理反應、認知反應及行為反應。也就是說，

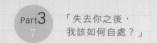

在四種層次上的變化，都可以窺見一個人獨特的悲傷樣貌。

　　原來動物經歷到悲傷時，所經驗到的身心反應跟人很相像。我試著向肥肥說明，牠的身體跟心理，正同步表達著悲傷的情緒。我告訴牠現在這樣只是個暫時的過程，很難受是確定的，但這不會延續一輩子、不會是最終的結果。

悲傷反應的理論

　　對照 Worden 關於悲傷反應的理論，除了前文中肥肥經歷的情緒、身體反應外，還有：

認知方面：失喪者會有不相信、困惑、懷疑（我是否做錯什麼、是否做錯決定）、對逝者反覆的思念、感覺到逝者仍然在身邊的想法。

行為方面：失眠、食慾障礙、心不在焉、社會退縮、夢見亡者、避免任何會憶及逝者的事物、嘆息、坐立不安、過動、哭泣、舊地重遊及隨身攜帶遺物、珍藏遺物等。

　　有些悲傷表現在認知及行為方面的影子，其實也可以在我與肥肥的談話中，略窺見一二；而此刻的你，又正在經歷哪些呢？

肥肥說：「我的世界沒有了光，全是黑暗。」

我：「她的驟逝對你而言是很大的打擊，一直以來你都喜歡她，心甘情願讓著她，所以當你所依戀的對象消逝時，會感到恐慌、不安是很正常的。你可以害怕、可以焦慮、可以感覺悶，因為現在你只剩下自己和爸媽了，你還在熟悉這種新的生活模式，這是需要投入大量能量的，很不容易，但我看見你有在努力了。你用真心忠誠守住你們的情份，甚至樂意為她承擔痛苦，這是你內在很有力量的特質。肥肥願意用同樣的力量來守護此刻這個受傷、害怕的自己嗎？」

肥肥：「有什麼意義呢？失去她，我的一部分也死了，照顧殘破的自己有什麼意義呢？太陽落下還會再升起；她走了卻不會再回來，沒了，就是沒了。」

　　我感覺到此路不通，失去同伴後剩下的自己，是這麼被漠視、不被看重。其實我是可以試著問牠「在這麼痛苦時，你想怎麼做來紀念她？」（也許正在閱讀本文的你，也可以這樣問問自己），但我當下沒有這麼選擇，我想試看看其他的正向安撫，也再探索看看有沒有其他的情感支援來源。

我：「悲傷表示你是這樣的珍惜她，也證明你曾真心付出過。」

肥肥：「我不喜歡這些感覺，也不知道怎樣可以從這些痛苦中脫身，每天的每一分每一秒都很難熬。只有爸媽在時我才會感覺好些，他們讓我感覺到還有人在身邊，不然孤單的感覺讓我真的好難受。」

　　也許，這些複雜、糾結的感受，不是只有肥肥有；也許肥肥的心思，或多或少也反映出我們喪寵後的心聲。失去心愛的寵物，讓我們的生活變了調，好多的不捨、好多的不習慣，好多讓自己痛苦的感受在心裡衝

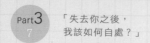

來撞去。生活不再一樣了，不僅失去了情感依附，過去習慣的生活步調、我們對自我的看法，甚至是精神的寄託，全都因為重大失落而亂了套。

混亂、失去秩序、想恢復卻又動彈不得的無力感，就像七夜怪談中緩緩從井底爬出、拖著詭異腳步的貞子，如影隨形跟著我們，內心油然而生的不安全感，讓我們顫慄、焦慮、又不知所措。

與寵物天人永隔，對絕大多數的飼主而言，是人生中的重大失落，有時候，這種深刻的悲傷，程度甚至會超過親人、朋友。寵物與照顧者間信任和依賴的關係其實相對單純，因此就算有這樣的感受也是可以了解、且極為正常的。

如何與失落後的悲傷相處

悲傷是我們在經歷重大失落後自然的心境呈現，是面臨劇烈改變的身心表現。失去了賴以依戀的對象、沒有了給愛的對象，內心會產生一種空洞、一種孤單感、一種無所適從的狀態。即使心裡知道牠已然過世，仍舊時不時升起好想再看看牠、抱抱牠的念頭，這種理智上知道、但情感上還沒能坦然的落差，常常讓人難受。

對某些人而言，接受是困難的；對另一些人而言，從腦袋接受寵物已逝，到真正從心裡接受這個事實，中間還有一段路要走。從此端走到彼端，即是一個人需要去適應失落的過程，也就是 Worden所提出的「哀悼過程」（mourning）。

哀悼是一個過程。它不等於喪禮儀式，也並非一種模板式的行為舉止。哀悼是一個人需要去適應失落的過程，這意味著我們需要主動參與適應及調適，此外，既是過程就表示會有結尾。透過主動參與自我哀悼的歷程，我們能夠將過去在一起的經歷，轉化成溫暖的力量。

當然，轉化並非一眨眼的功夫，也並非交給時間就會自動發生。很多人說，時間會療癒一切，但如果我們什麼都不做，那麼時間，也不過是流過罷了。只要我們有意願，勇敢走上屬於個人的失落悲傷歷程，那麼這些痛苦的感受，才有可能「被走過」。

我們的社會對於悲傷有一種似是而非的觀念，認為悲傷是不恰當的，應該要趕快走出悲傷，不要「沉溺」於悲傷，要趕快恢復正常生活、讓人生繼續運轉。趕快！趕快！一個月很夠了，超過三個月就太誇張了！在這個什麼都講求效率的現代，連悲傷都被認為應該要高效能的結案。

我們都看過一些大自然復甦生氣的影片，從被大火吞噬、付之一炬，到恢復了植被、鳥語花香、欣欣向榮的森林之貌。這當中是有過程的，也需要休養生息的時間，緩緩去重建、生長出新的樣貌。喜、怒、哀、懼乃生而為人的基礎情緒類型，我們怎有可能在失去親愛寵物的時候，像機器人一樣毫無歷程的由悲切換至喜呢？

如果自然的悲傷都不容許被表達、外顯於形，還鼓勵硬生生的切割悲傷情感，那麼社會價值觀賦予我們的期待，是否超乎人性的苛求？

不過，有時候不只是旁人以不合情理的標準在審視喪寵者，連我們都

不允許自己去經歷悲傷。只是，若連自己都無法體察自己的破碎和受傷，不願意舔拭自己的傷口、為自己療傷，只想趕快把痛苦封印起來，不去感受、不去體驗，那麼等於是在經歷重大失落後，又棄自己於不顧，這會讓我們經歷到內在的斷裂，與自己最柔軟的情感徹底失去連結。

你是有權利悲傷的
你也有聽見自己悲傷的必要性

　　諮商心理師蘇絢慧在她的著作《於是，我可以說再見：悲傷療癒心靈地圖》（寶瓶出版，2008 年）提到一段話：「痛苦，在生命旅程上，並非全然是無意義的，就如同摯親存在我們生命中，也非無意義的。既然發生在生命之中，必有獨特的意義。如果，想要結束痛苦，唯一的方法就是經歷痛苦，將痛苦歷程走過，將痛苦歷程走完，直到痛苦完全的被看見、被感受、被面對與被接受，直到痛苦不再被抗拒、被否認拒絕。」

　　悲傷無法「走出」，只有「走過」，而要走過，首先要願意「走進去」。

　　當人願意去觸摸心底最深層的脆弱，允許自己得以表達，並願意接納自己在混亂風暴當中會出現失常、失序、不堪，那麼我們對痛苦就有了涵容的空間，才能夠無條件接住和陪伴墜落中、風雨飄搖的自己（一如寵物令我們懷念的特質），帶著自己的悲傷與思念，好好為自己的失落哀悼、去走完這段歷程，這會讓我們內心的悲傷和意義得以安放，進而能協助適應變動過後的生活。

　　「若是容許悲傷流露，則有可能自己就會不斷墜落，無法回到正軌」，

很多人認為身邊的親友放任自己沉浸在悲傷中，越悲傷可能就越沉淪，因此反而「出不來」。這也是你的擔心嗎？根據社會心理學者 Stroebe 和 Schut 在 1999 發表關於悲傷的雙軌過程模式（Dual Process Model, DPM），他們認為悲傷者會在兩種壓力中來回擺盪——第一種是經驗到失落本身帶來的身心壓力，第二種是適應逝者不再的生活，重建生活秩序——而這樣的擺盪是有效調適必需的經歷。

也就是說，我們本就是要在個人失落與生活日常中穿梭切換，有時候正視失落、體驗悲傷，有時暫時把失落擱一邊，去處理現實生活的各種事務。所以有些人，尤其是目標導向的人（男人、一家之主居多），會採取與自己的情緒隔離，很快將注意力轉移到工作、生活責任上；女性對於情感的感受度和流露多半較為纖細、敏銳，所以面對悲傷常會感到快被淹沒、難以抵擋。

若不以性格屬性來區分，一般照顧者最常提到的是，白天上班的時候也都還能運作，但晚上或週末一放鬆下來，就會感受到無盡的思念和難過，如同排山倒海般襲來。一天當中出現這樣的擺盪是正常的，而且，擺盪是有效調適必需的經歷，我們確實需要顧到情緒、也顧到生活（反過來講，我們需要適應新生活，但經驗、陪伴及調適情緒，也是不可少的），並在兩極的擺盪中摸索出平衡，慢慢的，當情緒得以被接納，生活中心的自我認同也建立，則這兩種調適的需求都會自然減少。悲傷失落的歷程是會走完的。

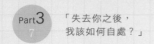

對自己仁慈，
包容此刻各種呈現的自己

　　既然悲傷是我們的一部分，對悲傷仁慈，就是對自己仁慈。去體察自己當下的感受，傾聽內在的聲音和需求，不批判、不壓抑、不試圖改變，就是陪伴著自己的心，去支持心以任何形式展現。靠近自己，溫柔對待自己，給自己溫暖，面對各方面的身心需求，成為第一個義無反顧呵護自己的人。

　　誠然，這個過程一定不好受，若是覺得快要超過負荷，也要適時伸出手求援，找到對的人，讓自己的情緒有出口，有些緩衝：這樣的對象，是能夠理解、認可悲傷情緒的人，對我們的呈現不評價、不貼標籤，並能夠提供適切的溫暖。

　　我們需要知道自己此刻想要有陪伴、或是想要獨處，試著體察自己的需求，用可以支持到自己的方式來回應自己，慢慢走過，並在過程中試著摸索、學習調節情緒的方法。

　　同時，關於哀悼歷程，我們需要知道的是，每個人的生命脈絡不同，也因此每個人哀悼時的呈現、需求、步調都會有所差異。尊重這個差異性，你不需要去符合社會認知的「走出來的保存期限」，也不需要因為時間久了就限制自己不得 PO 想念文，更不需要覺得自己怎麼哭那麼久還在哭；當然，我們也得尊重家人間（夫妻間、親子間）不同的哀悼呈現，每個人應對哀傷的方式都是獨一無二的，沒有對錯，也不表示對方跟我們不同就是沒有愛。尊重，然後

去溝通自己的需求，在這個階段是必要的。

　　允許自己悲傷，並非讓自己陷入漫無目的抑鬱，更不是在自卑自憐中反芻著自我批判，而是有目的性的：當我們不試著從痛苦中逃脫，本身就是一種勇氣的展現，有勇氣伴隨，使我們不在自己的人生低谷中缺席。很多臨終的寵物說：「接下來我就把照顧你的棒子，交到你（飼主）手上了」，指的就是這個。

　　寵物之所以對我們意義非凡，在於當我們很落魄、低落，甚至被世界不理解時，你都可以感覺到牠對你的在乎，不離不棄守在你身邊，使我們在低谷中得以療傷，並慢慢再爬起、再勇敢，這就是陪伴的力量。牠們交棒的任務就是陪伴，陪伴我們自己。

　　當我們對自己不離不棄，充分去感受自己的感受，並安靜陪自己療傷，才有能量接受失落。也就是說，當我們接受自己可以悲傷時，就是時不時在碰觸「牠不在」的事實，並試著調適經歷的內在震盪，重新適應一個沒有牠的新生活。當我們漸漸能安頓自己時，將不再在外頭尋找牠的蹤跡或形體，而是將牠安放進心中專屬的位置。雖沒有了肉體的形式，但寵物與我們之間的愛沒有消逝，在我們心中的重要性也不會改變。我們得以帶著那份讓自己感到溫暖的愛，繼續開展往後的人生。這是哀悼的歷程，也是悲傷調適四任務（Worden，2004 年）。

　　因此，面對寵物的過世，我們真正需要的最初步方向，是理解、認可自己的情緒經驗；即使有些反應你自己暫時也不太確定，但你能給自己足夠的心理空間，陪伴、與自己同行，並且不在過程中批判、論斷自己。

你是可以試著學習一些調節情緒的方式（但不是壓抑或忽視），同時，請讓自己有足夠的管道抒發情感，讓自己能夠好好思念、好好哀悼。

透過人的生命 圓滿寵物的心意

個案 15. Lucky

　　Lucky 是一隻愛笑的柯基，一直是個健康寶寶的牠，只有一次打完疫苗後出現嚴重的過敏反應，（但慢慢也就自己痊癒了）除此之外一切正常，只有少許的老化症狀。然而這個快樂的家庭，卻在 Lucky 13 歲時，一夕之間全變了調。

　　據說那是一個放假天，Lucky 一整天都可以跟爸爸媽媽待在一起，玩耍、也洗完香香的澡，等著媽媽準備好晚飯就要大快朵頤。活力旺的 Lucky 一如往常，興奮的跑到陽台，用宏亮的叫聲昭告天下「我～要～吃～飯～了！」卻沒想到下一秒突然腳軟、癱倒在地。虛弱、毫無血色的表現讓爸媽警覺到情況危急，趕緊送醫急診。

　　這變故來的又急又猛，雖經搶救仍告不治。從事發到過世，不過一個小時的時間。死亡突如其來的出現，讓這個家 13 年來的喜悅感瞬間化為烏有，從天堂墜落到地獄。

　　當我與過世的 Lucky 對話時，起初牠提到了經歷驟逝的心路歷程。毫無預警的死亡，讓每個人都措手不及，當然也包括身為當事人的牠：**「我看著那具已經不屬於我的身體，我無言了」**。當時，同樣也經歷了驚嚇、無奈、憤怒、悲傷的牠，還有好多來不及說的話想告訴最親愛的爸爸、媽媽：

「謝謝爸媽這輩子的陪伴。有你們在我身邊，我是幸福的。你們總是關注著我的一舉一動，總是討論我喜歡什麼、不喜歡什麼，搓揉我的頭皮、耳朵，告訴我『全世界你最可愛』，你們無論在我面前、或在我背後，都談論著我，計畫著我可以參與、屬於我們的三人活動。我很開心，這輩子能來當你們的女兒，很抱歉偶爾還是給你們添麻煩了（但應該沒有太多吧）。

日頭很大、陽光一如往常灑落在草地上，但我如今卻已無法與你們同行。非常遺憾就這樣發生了，我很想怪誰，但也不曉得找誰去怪。我這輩子跟你們在一起沒有遺憾，唯一就是來不及親口告訴你們『你們是我最好的爸爸、媽媽』，跟你們在一起的歲月，我都很快樂。現在想起你們的臉龐，我心裡只感到溫暖，謝謝你們，我愛你們。」

確認了 Lucky 身處一個安全無虞的謐境，群山環繞的廣大湖泊，映照出天地間的浩瀚，伴著蟲鳴、眾生的心跳，牠一個人靜靜回顧著一幕幕回憶，感受彼此之間鮮活的愛。心，出奇的寧靜。

我代表飼主向牠表達心中的歉意。身為毛孩的父母，我們多少會在牠們過世之後的痛中檢討自己，過去因著生活，有時無法事事滿足毛孩的願，這樣的虧欠感，通常在這個時候還會夾雜著內疚、羞愧、以及對自己的批判。只是，過世寵物關注的焦點多半跟我們不一樣，牠們心中只有感謝，只有對我們的關愛，理解我們真的已經盡力了。

愛，
是離世寵物對我們不變的心意。

Lucky 走得突然，讓飼主措手不及、完全沒有準備的餘地，更不用說事前能好好對話了。爸媽想知道，牠還有什麼未盡的心願。能夠為心愛的寵物完成心願，這是生者對逝者愛的表達，透過行動也能讓自己寬心。

不過，Lucky 並未要求什麼物質的東西，牠沒有要零食、沒有要玩具，讓牠心繫的──如同貫穿我們對話的──就是牠最在乎的家人。

當我詢問：「除了來不及跟爸媽說，他們是最好的爸媽之外，你還有什麼未了的心願嗎？」

Lucky：「親親。以前我們在睡前都會以親親互道晚安；但現在，睡前總是特別安靜，爸爸、媽媽像是帶著心事入睡，有一種不尋常的安靜。我希望他們能延續這個習慣，在睡前擁抱彼此，並給對方愛的親吻，就像他們之前對我那樣。」

過世寵物欲求的不是自己，而是深深關心著所愛的家人，這幾乎是所有個案的共通點。我想牠們對我們的愛，即使離世、分離，也不曾改變。

我問 Lucky：「這麼要求是為了什麼呢？」
Lucky：「我現在不在爸媽身邊了，他們的生活現在就像有個空缺在那邊，冷冷的、沒有溫度。我回想起以前他們睡前親我、跟我道晚安時，我總能感覺到他們充滿愛的觸摸、感覺到他們的氣息溫柔落在我身上。他們掌心傳來的溫度，讓我完完全全感覺到愛，我明白這是他們表達愛的方式。現在，我無法再以肉身回應愛給他們，所以我希望，爸爸為我抱抱我最親愛的媽媽，媽媽為我抱抱我最親愛的爸爸，一個人在夜晚很冷（清），爸媽會需要彼此取暖。」

我曉得寵物的心意，希望自己所愛的人在悲傷之餘，仍能在自己的心中找到避風的港灣。而人與人之間愛的互動，即是一種力量來源，讓內心能夠暖暖的，來度過這段破碎後重整的期間。

但我也明白，大部分的飼主並沒有像寵物一樣看重自己，所以關心自己、愛自己這樣的要求，聽在照顧者耳裡，並不算是「未完成的心願」（即使寵物認為是），所以這邊我跟 Lucky 進行了澄清。

我：「我問的是你在地球上未竟的『事宜』，例如有沒有還想吃什麼？
去哪裡？但你回答的卻是你的爸媽？」

**Lucky：「對我來說，我愛的家人比任何東西都重要得多。他們是我留在
地球上最最重要的東西了！我現在在這邊，不愁吃也不愁穿，也受到很
好的照顧，我知道我在自己的靈魂道路上，我很好，不用擔心。所以，
就屬我愛的人讓我最在意了。」**

　　我過去認為，離世寵物的表達多半聽起來很高大上，除了牠們了悟了
生命的真理以外，就是那份自始至終不曾改變的愛和關心，讓人格外感
動吧！俗話說：「錢財乃身外之物，生不帶來死不帶走」，套用在寵物
身上，也許是「食物乃身外之物」，真正讓牠投注一生所愛、甚至過世
後都還懷抱祝福的就是我們了。這也難怪，牠們希望在世的家人能夠把
自己愛好愛滿。

　　我明白 Lucky 的心意，不過對生者而言，情緒的衝擊確實存在，理智
上我們都知道逝者已逝，但若沒有做些事情好好哀悼，我們那顆糾結、
緊繃的心，不容易自動鬆開。於是我問到：「我想若是可以因為你，讓
爸媽做些具體的事，也許可以讓他們心裡有個寄託、少點遺憾。」

**Lucky：「我想要爸媽去環島，一半的景點是我們一起去過的地方，另一
半則是沒去過的新嘗試。」**

我：「有什麼用意呢？」

**Lucky：「那些我們一起去過的地方，充滿著美好的回憶。而且，大自然
讓人覺得放鬆，這樣他們就可以愉快的回憶我們的經歷。而去到新地方，
就算是讓我陪他們一起去郊外走走吧！我愛自然的氣息，他們也喜歡。」**

這是我能為他們做的（但要透過他們去執行）。」

眼看話題又自動被 Lucky 給轉了回來，我們問的是能為牠做什麼，這下牠更進一步回答「牠想為家人做的」。

於是我這樣回應：「我們在說的主角是你呢，結果你想的都是『怎樣能讓家人寬心』，聽起來爸媽真的是你最掛心的人了。」

Lucky：「那是當然，沒有我爸媽，就沒有幸福快樂的我。他們曾給過我的，我無法再以肉身回報。我唯一掛記的，是他們能不能好好走下去。生命雖短，卻也很長，讓他們像過去的我一樣擁有喜悅，是我最在意的事。」

寵物的心，一直都向著我們；對我們的愛，不會因為過世就改變。愛一直都在，只是換了一種形式。如今，我們可能因為失去寵物，經歷到內在巨大的撕裂，強烈的悲傷暫時遮蔽了其他的感受，悲慟遮蔽了愛的感覺。我們會悲傷，是因為真心付出過，我們如此珍惜牠，也意味著我們將意識到自己的失落。所以，允許自己可以悲傷，這是你需要的。此外，我鼓勵你試著將這些感受表達出來，去完成對你有意義的哀悼歷程。除了書寫心情日誌、繪畫（或任何手作）、或是找個能夠好好傾聽的對象，讓情緒得以被承認、被看見，你還可以採取 Lucky 對家人的建議，重遊舊地，好好懷念與哀悼過去牠陪在你身邊的日子。

在P.299，我列出過去溝通過的離世寵物對飼主的「要求」，透過做些什麼，讓情緒能有表達的出口，也藉此完成屬於我們個人的哀悼歷程。

你可以採用寵物們的提議，也可以用自己想要的方式，去回顧你們的過往，過程中也感受你的感受，允許情緒和念頭能自然流動，允許自己能夠悲傷、容許自己可以思念，好好為自己的失落哀悼。這麼做，會為地上的你、天上的牠和你們這輩子的相遇，做下屬於你的註解，帶來獨特的意義。也可以協助自己，走完屬於自己的哀悼歷程。

在溝通中，離世的寵物總是會提到「希望你能好好的」，我想，這個「好好的」並非意指我們遮掩起自己的悲傷，像人皮面具般假笑。感覺到自己的脆弱，並不是什麼可恥的事；堅強，或許不是切斷自己的感受，用說教的方式抑制痛苦，而是實實在在的、成為陪伴自己的那個人，即使在情緒的風雨中，仍然與自己常相左右。這樣的勇氣和意願，即是促成「好好的」的精髓，如實接納自己，做自己的好隊友，就如同寵物待我們一樣。

離世寵物的願望

◎「我想要一本屬於我們的畢業紀念冊。請為我整理我的相片，然後集結成冊，寫下照片中的人事時地物，也在心裡告訴我，當時的我哪裡好（要具體），還有這帶給當時的你什麼感受。我們在一起的日子這麼精彩，值得細細品味。」

◎「我的人生雖然只有短短幾年，但當中有好多我和你的珍貴回憶，你陪著我長大，我陪著你變成熟。我希望你能夠寫下這些年來我們同甘共苦的生命歷程，並放上你最愛的臉書（筆者註：或任何自己習慣的社群），讓世人見證我們對彼此的愛，也看到我的好。我會因為自己能來這一趟感到驕傲，也希望你能從中看到自己的付出，為自己驕傲。」

◎「我在天上一邊調適著自己的心情，一邊看著你。對於這個不得不接受的事實，我知道你跟我一樣的悲傷。當我難過的時候，我會跑到我的後花園，這邊有山、有樹、有流水，

我可以在靜謐的天地間得到安慰。帶著我留給你的信物（筆者註：毛髮、骨灰或牠的遺物），陪自己去大自然裡走走，讓儲存在自然間的能量滋養你，也算是讓我陪你去戶外走走。」

◎「我們來交換。每一天，你要對我說一個你懷念我的好，然後，也告訴我一個屬於你自己的好（筆者註：就是你自認做得好的地方）。這樣，我在天上回顧，你在地上也回顧，我們一起，這樣才公平。」

◎「當水滴落在你肩頭、葉子飄落你身上，那是我對你的思念，是我寫信給你的方式。我也想要收到你的來信，可以寫信給我嗎？我

想知道你眼中的我是什麼樣子，第一次與我相遇，當時的我長什麼樣子呢？你總說喜歡我在你身邊，是我什麼樣的個性讓你感到療癒呢？說說我們之間有意思的事吧，我也想藉你的述說來回憶；然後，我很好奇，我們這輩子的相遇，我有留下什麼有意義的部分給你嗎？從我們的相處，你學到什麼？（筆者註：不要小看這個部分，過世的寵物在聽到自己有為這世界帶來具體的意義或價值時，通常會感到很欣慰，對自己這輩子也會格外滿意。）我有什麼獨特的、令你懷念的地方嗎？寫信告訴我，你最近的心情，我想聽，一如往常的想聽。」

你的心跳就是我的心跳，
在心裡，我與你沒有分離

我想引用一個離世寵物說的話，來為這本書做總結。

咕咕，享年 18 歲。17 歲那年，牠食慾全無但一直檢查不出原因，暫時放置了食道胃管先解決營養攝取的問題，吃是吃進去了，但是身體內部無名的變化仍舊持續進行著，後來陸陸續續更多的腸胃道症狀一一顯現，還併發其他系統的問題。找不到造成衰弱的主要原因，只能以支持療法輔助牠的生理跡象，面對咕咕表現出的整體性退化，讓姊姊非常心疼。

眼看咕咕的狀態一天天變差，每天持續著同樣的醫療，越來越清楚的不是病的成因，而是死亡的輪廓。無法正面迎擊暗處的敵人，也不曉得接下來會怎樣發展、病況怎麼變化，甚至也不清楚還剩多少時間。這一團不確定性持續纏繞著，讓未來的日子難以預測，也讓姊姊難以定奪此刻的照護方向和醫療選擇，究竟是不是真的對咕咕好？面臨很多的未知，隨之而來的是自我懷疑。

在咕咕過世前的一個月，牠開始出現更多明顯的臨床症狀，這讓飼主有了警覺，於是開始跟咕咕進行善終準備的對話，包括生命回顧、四道，以及叮嚀牠要往有光的地方去。意識到可能來日不多，照顧者甚至請假在家，

全天候陪伴咕咕，只希望最後的這段日子，牠能感覺到照顧者想給牠的溫暖與心意：無論如何我都會在你身邊。就這樣陪伴了一段時間，在某個凌晨，咕咕趴在姊姊的胸口，安然離世。

會進行離世溝通，其實是來不及做在世溝通所留下的伏筆。咕咕過世後，姊姊雖為牠的解脫感到高興，但也感受到強烈的空洞感，畢竟共同生活了18年，有很多相依相偎、緊密連結。姊姊很明白自己需要陪伴自己經過這個哀悼的歷程，也不斷整理自己，幫助自己從中釐清，把人生過程化為學習。離世溝通的主軸，定在確認咕咕的心境，表達姊姊對牠的愛和感謝，並且讓牠知道姊姊會把自己照顧好，希望牠能安心。

以下是我摘錄了部分，咕咕想對姊姊說的話：

姊姊，謝謝你
你讓我曉得，我是一個多麼值得被疼惜的存在，
跟你在一起的時候，我可以隨心過生活，
你給我空間、尊重我，讓我能成為我自己。
你對我展現的是純粹的一片真心，
給予我的是全然敞開，和完全的信任。
謝謝你，愛我、信任我，
身為一隻貓、你的同伴，我滿心歡喜，也喜歡你眼中的那個我。

我回到老家了，我回到那個你叮嚀的充滿光明的地方了，
我在這邊感覺到寧靜、祥和，

也不斷回顧我們的過去：過去我們一起做過什麼好事、壞事、犯蠢的事，
我也看到我們在生活中，因為互相陪伴而減輕對方的擔子。
當我回憶過去的時候，
我感覺心裡暖暖的，原來，我這麼輕易就為你帶來這麼多開心。

在我們分離以後，我更加意識到你給了我很多、我的心裡有多依賴你，
如果沒有你，我可能就沒辦法做自己，
因為你總是順著我的意思，讓我用自己的方式向你撒嬌，
我很享受你愛我的方式，我是幸福的。

我很慶幸有緣能夠成為你的貓咪，跟你作伴，
在這段關係裡，留下一段很珍貴的回憶。
這輩子，我學到的是，簡單就是幸福，
幸福是當一個人了解你，而你也懂他，互相珍惜，彼此陪伴走過一段日子。

我愛你！
我最愛聽你對別人說我的故事，你口中的我像是具有神奇的魔力，
聽你說我，感覺自己好像特別不同，會飛、會跳、會說話，還有神氣的尾巴，
我也特別愛看你說著我的時候，那神采飛揚的樣子。

姊姊，
謝謝你是這樣珍惜我。
在別人眼中的我或許平凡無奇，但在你的眼中，我閃閃發亮、無可取代，
你是我的知音，只有你懂得欣賞我的特質。

因為你，我能勇敢、安心的到處探索，

我很感激你對我不離不棄，始終愛我。

我感謝人生，也很感謝緣分，讓我能夠跟你一起走一段。

姊姊，

我要你記得，

你是最棒的姊姊，沒有人比你更能承擔了。

當然你有你的脾氣，就像我也有我的。

但就是因為這些單純的特色，讓我們獨一無二。

我就是愛這個樣子的你，

我愛你，因為你是你。

我不怪你，我對你只有感謝。

在最後的那段日子，你給我多一些機會跟你相處、陪你一下下，

你一直在我的身邊，

每天晚上，我聽著你的心跳、伴著你的呼吸，就這樣沉沉睡去。

你的心跳聲，是讓我安心好眠的安神曲。

一直到我闔上眼，離開這個世界的同時，我都聽著這個熟悉的旋律。

我很幸運，能夠在你身邊畫下休止符，

剩下的樂章，請你為我繼續演奏。

你的心跳就是我的心跳，

在心裡，我與你沒有分離。

我愛你。

　　寵物來到我們身邊，是段奇妙的緣分。不知不覺中，歲月靜悄悄就過去了。身為飼主，我們多半是那個送行的人，無論與寵物同行到哪段路，驪歌總是會有響起的一天。

　　或許在死亡跟前，我們總是用很嚴苛的標準要求自己不可以出錯，以至於失去了心的自由，難以專注在當下的陪伴，忘記了相處是因為有愛才有感動。當肉身一脫，沒有什麼物質是帶得走的，但是愛，卻會永遠存在彼此的心中，滋養我們靈魂旅程的每一步路。

　　很多人會問，究竟寵物來到我們身邊，是帶著什麼樣的任務？我在想，或許牠們的「任務」是一個進行式，牠們帶著純真的愛，與我們分享單純的美好，與我們一同過生活，見證彼此的成長，與我們共同定義「愛」的體現，也在天上看著這份愛在地上的延展。

當同行的路告一段落，回到屬於個人的生命道路上，我們必定會經歷一段陣痛期，情緒的低落、生活的失序、新生活型態的適應、生命經歷的回顧和意義建構。除了強烈的空洞感，甚至也可能會有很多的自我質疑，這些，都是人在經歷失落悲傷時的正常過程。

　　會過去的是時間，永遠存在的，則是曾經一起攜手種在心田的愛。在寵物的心中，看得最重要的就是你，過去曾經一起經歷的風景，是因為有你，才顯得美麗。當我們感受到自己的心跳，請記得這個規律的節律，曾是讓寵物安心停留在這世界的溫暖音符。當我們有意識的呵護好自己這顆心，讓心繼續充滿生命力的跳動著，就意味著我們與寵物的愛的主題曲，能繼續唱奏下去。

致 謝

　由衷感謝所有服務過的個案，包括寵物本人及牠們的照顧者。透過與寵物對談，我得以在這些小小的身軀中，體驗到大無畏的生命態度。身為一個溝通師——寵物與飼主間的管道——有幸參與很多愛的故事，感受著彼此間無條件的愛，讓作為「第三方」的我深受感動。

　無論是末期寵物或是離世寵物，透過寵物當事人的言說，我彷彿身歷其境，得以體會生命個體在不同階段的心境和觀點。這對於發展心情安寧照護或失落後的悲傷療癒，都有直接且正向的助益。末期陪伴是有待全備的領域，藉由通透寵物的心思，照顧者不需要再在臆測中惶恐不安，於是生出寧靜與穩定的力量，也讓寵物能安心、放心。

　特別感謝列名書中的毛孩和牠們的家人，願意將屬於私人的生命故事公開，這些真摯而真實的情感特別溫暖，在過程中有過的掙扎與糾結，也同理到正在經歷類似過程的照顧者們，為我們在人性的脆弱與勇敢之間，帶來寬慰與鼓舞。

　感謝大悲學苑的法師們，宗惇師父、德嘉師父、道濟師父、督導王浴，及志工夥伴們。大悲學苑是我在安寧療護與靈性關懷的啟蒙，在知識建構與病房服務雙軌並進下，為我打下厚實的基礎，也學習著面對生死的正知見。

感謝諮商心理師蘇絢慧，因為一堂「失落陪伴與悲傷諮商 專業訓練課程」，開啟了我對失落悲傷更細膩的認識，幫助我更認識助人者這個角色的專業能力和權限。也因為這個開端，促使我回過頭來檢視自己的傷，整理自己的悲傷失落經歷，在陪伴自己療癒的過程裡，找回對自己的關懷，累積接住生命的能力。

感謝我在獸醫界的貴人，智遇動物醫院院長蔡文智醫師。過去我以獸醫的身份跨足動物溝通，後來又以溝通師的角色，接觸出入獸醫院的飼主與寵物們，以類似團隊合作的方式與獸醫師共事，這些經驗對我非常寶貴，也鼓勵了我想要發展心情安寧以協助末期寵物及照顧者的理想。蔡醫師在我經歷摸索、整合的過程中，扮演著亦師亦友的角色，讓我能勇敢做自己，在認同的價值上持續前進。

感謝我的編輯王斯韻小姐，因為有她的主動邀書，我心中這個一直延宕的理想，才有機會去實踐，讓我腦中總是紛飛的龐大資料和思緒，能好好被整理出來，以書籍的方式去支持工作室觸及不到的人。寫作初期，我的進度一直落後原訂排程，斯韻從來不曾催促我或緊迫盯人的追稿，只是持續鼓勵，讓我有信心把內容生出來；也給我十足的空間去建構心中的理想畫面；定稿前不厭其煩的延伸發想和討論，讓我非常佩服她的專業和態度。

感謝我的好友曾杏如，協助我優化寫作技巧，還肩負心靈導師的功能，陪伴我度過每個寫作的撞牆期。感謝我的死黨姚金秀及呂佳燕，無論在實務或心情上，都給足了支持。以上每一位都讓我親身體驗到：陪伴的力量之強大，足以讓當事人升起內在力量，來克服眼前的挑戰。

感謝我的先生支持我追求自己的理想，對我無法兼顧太太角色展現高度體諒，承擔起家務讓我能專心寫作。感謝我的父母，總在我工作繁忙而疲憊時遞上熱騰騰的飯菜，默默表達對我的愛和支持。感謝我的貓阿花，全程陪伴我在電腦前寫作的時光，讓吸貓媽媽紓壓不少。也感謝我的中醫陳宇輝醫師，不只搞定我的身體健康，也讓我意識到要做回自己身心的主人，正視壓力對生理的影響，進而承擔起自己的健康要自己負責，學習在飲食、工作、休息、壓力調節上，找到屬於自己的平衡。作為陳醫師的患者，我從他身上學習到醫者的風範，使病人感覺安心、喚起病人內在的動能，讓當事人不是軟趴趴的依賴外援，而是能夠懷抱希望、為自己付諸努力，從而發展過去被自己忽視的潛能。

特別感謝設計莊維綺，對我諸多的細部要求有求必應，賞心悅目的排版和巧思設計讓一片文字海讀起來毫不費力，絕對堪稱幕後的無名英雄。感謝插畫師兼好友鄭嘉文，在我提出邀請立刻毫不猶豫就答應，隨後經歷多次的溝通和改圖從無二話，更常主動提出多個版本供選擇，不僅完美詮釋出我文字想要表達的意象，也為生死這個帶有悲傷的內容，透過畫面帶進濃濃的療癒與溫暖。我只能說「文先生繪話郎」絕對是療癒系的不二人選。

最後，我想將本書獻給兩個重要的對象。若沒有他們，就沒有今天的我，也不會有這本書的誕生。

獻給我的動物溝通老師 Rosina Maria Arquati，恩師引領我，以不同的角度去理解動物的內心世界，從此改變我對動物的認知，也開啟了我人生的探索旅程。

獻給我的第一隻貓咪咪，咪咪教會我關於生命的課題，並用九年來的相伴，讓我體會到毛孩溫柔的愛和信任。

再一次，感謝過去我曾經手過的動物們，無論是我的病患或是我的個案，每一次的交流，都為我的生命歷程帶來觸動和省思。

我確信，寫下這本書，不是我擁有什麼厲害的知識能指導什麼，而是動物們走進了我的生命裡，讓我有機會陪伴牠們走一段路，從中見證到生命的溫暖、因愛而生的勇氣。生命最厚實的能量，在看似掙扎、悲傷的過程中，悄然淬煉而生出，照亮每一個參與其中的人，也藉由我們，再傳遞到人間的各個角落。

附錄 1. 喘息照護資源

寵物安養機構

目前有推出動物安養機構制度的政府單位,為台北市與新北市政府。

1. 根據台北市動保處,截至 2020 年目前有 13 間動物安養機構,提供日照(日間照護)服務的台北動物安養機構名單,請至台北市動物保護處網頁,查詢**「動物安養機構名冊」**。

2. 根據新北市動保處,目前有 112 家特定寵物長照機構,其中 50 家為能提供醫療及照護的「特定寵物長照動物醫院」,另 62 家則為寵物業者之「特定寵物長照之家」。名單請上新北市政府動物保護防疫處網頁,查詢 **「寵物長照機構」**,獲取最新資訊。

3. 其他縣市,可自行詢問住家附近的醫院或寵物旅館業者,有無提供「日間安親」的服務。

到府保母

照顧者若需要喘息時間，無家人可換手、或家人不擅長照護，則可委請「到府保母」，到家中照護寵物。

到府保母一般是以小時計費，不同物種、不同體型大小、不同照護項目，費用不同。因與地緣性高度相關，有些到府保母會視服務距離加收車馬費。需注意的是，若寵物身體狀況特殊，除一般照護外還需居家醫療照護，則需在事前確認所委請的保母能夠勝任特殊照顧項目。

因我位在台北，對台北的資源比較熟悉，以下是我會推薦給北部照顧者的到府保母：

臉書粉專請搜尋：
- 同行工作室
- 蓁情異獸 - 寵物褓姆、犬隻訓練、Ttouch、靈氣 Reiki 服務與推廣

到府美容

以下是北部客戶推薦給我的到府美容師，分享給大家：

臉書粉專請搜尋：
- DADDY'S COMING －型男爸爸到府美容

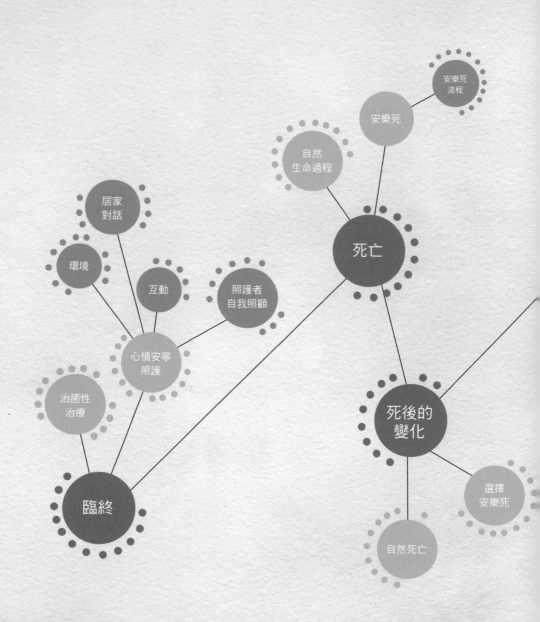

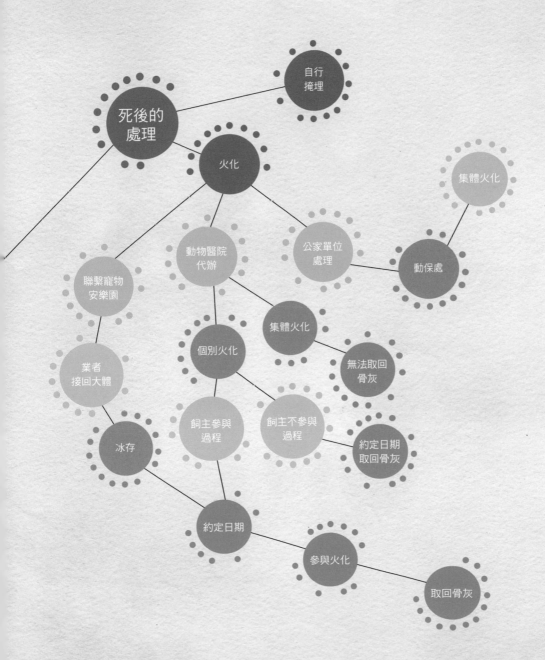

1. 「漸進式」的安寧概念：心情安寧照護的介入時機與比重

在傳統的觀念裡，當得知生命有限（末期），照顧者多半將所有重心放在治癒性治療，以抗病並等待奇蹟作為唯一目標；等到寵物已出現瀕死徵兆、被發病危通知，才來安寧想陪伴寵物，卻因為時間短促（通常就是幾週到幾天），已無法著力太多。

現今的安寧概念為漸進式的，也就是一經確診為末期後，治癒性治療（追求生命的「量」）與心情安寧（追求生命的「質」），二者同時並進。起初，在生理照護的比重較高，而後隨著身體的衰退，提升生活品質的心情安寧比重則會漸漸拉升，包括：照顧者的自我照顧、環境安排、互動方式、居家對話。

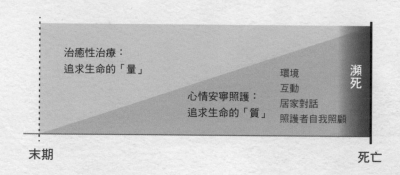

2. 死亡的方式：

生命的末期，若沒有任何人為加工以延長或提早結束，為自然的生命過程；在有安寧緩和醫療的基礎下，選擇自然往生的個體會經歷一段瀕死過程，也就是俗稱的臨終變化，然後過世。
＊瀕死階段的變化和陪伴因應法，詳見 1-8 瀕死徵兆。

＊有些疾病類型發展到最後，其瀕死徵兆會非常強烈（寵物看起來異常難受），不總是像一般人想像「自然死」那般美好。照顧者不一定能承受，通常會形成日後強烈自責的主因；照顧者需將自己的能耐也放進抉擇評量中，也應事先了解安樂死。

安樂死，是以人為的方式讓死亡提早發生。其目的在於避免寵物與照顧者喪失活著時的生活品質，在生命末期過於受苦。專精於動物癌症治療的美國獸醫 Dr. Alice Villalobos 提出《生活品質評估表》，以七項指標的評量方式，為寵物的生活品質做出客觀的評分。每項指標從0～10分，分數越高狀態越好，七項的評分加總起來，評分低於總分之一半者，顯示為生活品質過差，符合施予安樂死的標準，讓動物以無痛的方式死去。
＊七項指標之症狀，皆有對應的緩解方式，詳情請洽你的獸醫師。

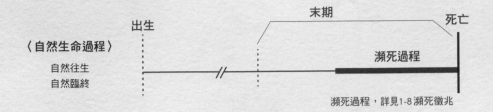

〈自然生命過程〉

自然往生
自然臨終

出生　　　　　　　　末期　　　　死亡

瀕死過程

瀕死過程，詳見1-8瀕死徵兆

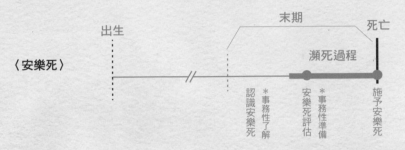

〈安樂死〉

出生　　　　　　　末期　　　死亡

瀕死過程

認識安樂死了解
＊事務性了解
安樂死評估
＊事務性準備
施予安樂死

了解與準備，詳見1-8瀕死徵兆及P.318

生活品質評估七指標

1. **疼痛 / hurt**
   10分為沒有疼痛感。另，能輕鬆呼吸也包含在此項（針對肺積水、胸腔積液）。

2. **進食 / hunger**
   10分為營養充足（進食方式不限）。

3. **身體含水度 / hydration**
   10分為沒有脫水。

4. **清潔舒適度 / hygiene**
   10分為乾淨、清潔、沒有異味。

5. **幸福感 / happiness**
   10分為原先喜歡的娛樂、與人的互動需求皆得到滿足，且無情緒問題（如：沉鬱、孤單、焦慮、無聊、恐懼）。

6. **行動力 / mobility**
   10分為保有自主行動的能力（以輔具支持後能自主行動也算），癱瘓者身上無褥瘡。

7. **一起生活時，飼主感覺為「光明晴天」或「悲慘雷雨日」/ more good days than bad**
   「悲慘雷雨日」意指該日反覆經歷動物無可控制的嘔吐、下痢、癲癇、摔倒、挫敗感，或生理上日漸惡化的不適感。若按飼主的心情感受，是長期「悲慘雷陣雨」且久久不見晴天，或動物已呈現「眼神死」狀態，或人與動物之間已喪失溫馨的互動，皆趨近0分。

3. 死後的變化：

無論安樂死或自然死，動物在過世時多半是睜眼的，與人的死不瞑目意涵不同，請照顧者放心。

若是安樂死

- 若體內有未排盡的內容物，在括約肌放鬆後，可能會流出如尿液、糞便；生前若有嚴重肺積水，堆積的液體可能會由口鼻流出。
- 剛死時身體會是柔軟的，約略 2 ～ 3 小時會僵硬。
- 若天氣較熱則硬化更快，約 1 ～ 2 小時。

若是自然死

- 瀕死時沒有太過掙扎，如先彌留再過世，或睡夢中過世，身體柔軟時間較久。
- 若瀕死時身體反應較劇烈，死後較快屍僵。
- 一樣會有遺糞、尿、胸腔積液的可能性。

*若要放家中助念，冷氣開強點，避免大體腐敗太快（通常超過 24 小時開始會有氣味）。

*心跳呼吸終止後，肌肉會慢慢釋放開，有時視覺上看起來會像是還在呼吸。

認識安樂死

1. 了解安樂死的用意

2. 事先了解的項目：
適用的評分方式，施予的時機標準，施予的流程步驟，產生的效果。

3. 安樂死前的預先規劃：
要參與的親朋好友事先邀約，想要施行的地點（醫院或到府）及各自收費標準，如何跟家中孩童解釋與心理建設，詢問孩童參加的意願，是否讓家中其他寵物參與及事先告知，預約需要提早多久。

4. 安樂死過程概要：
飼主與寵物好好道別後，
- ▶ 注射鎮靜劑：使寵物身體初步放鬆，此時雖對環境仍有意識感，但可大幅降低動物對後續操作的緊張感。（*有些身體已極度孱弱的寵物，會在鎮靜後就過世）
- ▶ 上靜脈留置針：後續的注射皆由此入，就不需再找血管
- ▶ 注射過量麻醉藥：讓寵物進入如同深度麻醉的狀態，此時對周遭失去意識，肉體的感官知覺也喪失，也不會有痛的感覺。（*有些身體已極度孱弱的寵物，會在過量麻醉後就過世）
- ▶ 注射心臟停止的藥物：若過量麻醉後寵物心跳仍在，最後會追加一劑使心臟停止的藥劑，在無痛且身體放鬆的情況下，心跳和呼吸會慢慢停止。
- ▶ 醫生會用聽診器再次確認心跳停止

*以上的注射施行方式，為犬貓適用的安樂死方式

4. 死後的處理:

火化

死亡
- **公家單位（各縣市動保處或防疫所）**
  須於公部門上班時間自行送至，由公部門委外進行集體火化，
  無法取回骨灰，收費各縣市標準不同。
- **動物醫院代辦:**
  須於動物醫院上班時間自行送至，由醫院代為聯絡民間安樂園業者，一般分為:
  - 集體火化:無法取回骨灰，無指定日期。
  - 個別火化（可取得個人骨灰）:
    * 飼主不參與過程，火化後(數日後)回醫院取回骨灰。
    * 飼主要參與過程，與業者約定日期，當天至安樂園參與火化前儀式與火化過程。
- **民間安樂園業者（個別火化）**
  業者來家中接大體 ▶ 冰存 ▶ 與業者約定日期，
  當天至安樂園參與火化前儀式與火化過程。

自行掩埋　出於公共衛生考量，都會區飼主不考慮。

與人類葬儀之差異比較（選擇個別火化的飼主）:

人 — 選擇葬儀社 ▶ 冰存 ▶ 殯儀館(公祭、家祭、告別式) ▶ 移至該地區公立火化場火化，取得骨灰
　　　　　▶ 移回業者園區，選擇塔位安置或於園區內安置或自行帶回。

寵物 — 選擇安樂園 ▶ 冰存 ▶ 安樂園的火化前儀式 ▶ 安樂園內火化（免移至他處），取得骨灰
　　　　　▶ 於園區內安置或自行帶回。

骨灰安置方式（個別火化者）:
- 安樂園區安置(詳細服務依各家略有不同)。
  * 撒葬　 * 樹葬　 * 土葬　 * 塔位（並有其他服務，如誦經、供品等）
  無論是埋葬或個人塔位，業者通常提供短期租用與永久使用的不同方案，
  有些依方位也有不同收費，需詢問清楚。
- 公家單位 ▶ 部分縣市有公立安葬區。
  * 台北市:灑葬，洽秘密花園 。
  * 新北市:樹葬，洽中和動物之家、板橋動物之家。
  * 宜蘭縣:樹葬、灑葬，洽員山福園。
  * 彰化縣:埔心鄉新舘第五公墓。
- 自家盆栽葬。
- 自行安放。

寵物終老前
還能為心愛的牠做什麼

末期寵物的心情安寧照護指南

心情安寧、照顧者的自我照顧、離世溝通，
獸醫師＋動物溝通師的跨領域支持最前線

作　者	張婉柔	發 行 人	何飛鵬
責任編輯	王斯韻	總 經 理	李淑霞
繪　者	鄭嘉文	社　長	張淑貞
美術設計	莊維綺	總 編 輯	許貝羚
行銷企劃	蔡瑜珊	副 總 編	王斯韻

出　版　城邦文化事業股份有限公司‧麥浩斯出版
地　址　115 台北市南港區昆陽街 16 號 7 樓
電　話　02-2500-7578
發　行　英屬蓋曼群島商家庭傳媒股份有限公司城邦分公司
地　址　115 台北市南港區昆陽街 16 號 5 樓
讀者服務電話　0800-020-299
　　　　　　　9：30 AM～12：00 PM；01：30 PM～05：00 PM
讀者服務傳真　02-2517-0999
讀者服務信箱　E-mail：csc@cite.com.tw
劃撥帳號　19833516

戶　名　英屬蓋曼群島商家庭傳媒股份有限公司城邦分公司
香港發行　城邦〈香港〉出版集團有限公司
地　址　香港灣仔駱克道193號東超商業中心1樓
電　話　852-2508-6231
傳　真　852-2578-9337

馬新發行　城邦〈馬新〉出版集團Cite(M) Sdn. Bhd.(458372U)
地　址　41, Jalan Radin Anum, Bandar Baru Sri Petaling,
　　　　57000 Kuala Lumpur, Malaysia
電　話　603-90578822
傳　真　603-90576622

製版印刷　凱林印刷事業股份有限公司
總 經 銷　聯合發行股份有限公司
地　址　新北市新店區寶橋路235巷6弄6號2樓
電　話　02-2917-8022
傳　真　02-2915-6275
版　次　初版9刷　2024 年 8 月
定　價　新台幣480元　港幣160元

Printed in Taiwan

國家圖書館出版品預行編目(CIP)資料

寵物終老前，還能為心愛的牠做什麼——末期寵物的心情安寧照護指南
心情安寧、照顧者的自我照顧、離世溝通，獸醫師＋動物溝通師的跨
領域支持最前線 / 張婉柔著. – 初版. – 臺北市：麥浩斯出版：家庭傳
媒城邦分公司發行, 2020.07
　　面；　公分
ISBN 978-986-408-606-1(平裝)

1. 犬 2. 貓 3. 兔子 4. 心靈成長 5. 獸醫學 6. 安寧照護

437.354　　　　　　　　　　　　　　　　　　　　109007290